阅读成就思想……

Read to Achieve

越整理，越好运

一学就会的懒人收纳术

草莓老师 /著

中国人民大学出版社
· 北京 ·

图书在版编目（CIP）数据

越整理，越好运：一学就会的懒人收纳术 / 草莓老师著. -- 北京：中国人民大学出版社，2023.9
ISBN 978-7-300-32065-6

Ⅰ. ①越… Ⅱ. ①草… Ⅲ. ①家庭生活－基本知识 Ⅳ. ①TS976.3

中国国家版本馆CIP数据核字(2023)第148870号

越整理，越好运：一学就会的懒人收纳术

草莓老师　著

YUEZHEGNLI, YUEHAOYUN : YIXUE JIUHUI DE LANREN SHOUNASHU

出版发行	中国人民大学出版社			
社　　址	北京中关村大街 31 号		**邮政编码**	100080
电　　话	010-62511242（总编室）		010-62511770（质管部）	
	010-82501766（邮购部）		010-62514148（门市部）	
	010-62515195（发行公司）		010-62515275（盗版举报）	
网　　址	http://www.crup.com.cn			
经　　销	新华书店			
印　　刷	天津中印联印务有限公司			
开　　本	890 mm×1240 mm　1/32		**版　次**	2023 年 9 月第 1 版
印　　张	8.375　插页 1		**印　次**	2023 年 9 月第 1 次印刷
字　　数	136 000		**定　价**	65.00 元

收纳源于心情，却总能治愈心情

生活就是这样地平和，没有眼泪，没有悲哀，没有愤怒。

只有平静和喜悦……

2022 年的春天，这是一个并不温暖的春季。

我安静地待在家里，阅读稻盛和夫的《心法》，收纳着自己的心情和点滴。

无疑我是幸运的，稳定的工作、幸福的家庭、惬意的生活。从小便是如此，以后也依然如此！

我喜欢回家的感觉，每天都期待着回到那个只属于我的天地。这里并没有可爱的孩子拉着我的衣角，奶声奶气地喊着"妈妈，你要给我讲故事"，也尚未有爱人等待我回来后说一句"今天辛苦了，我做了你爱吃的菜！"……

未来，我一定更喜欢回家的感觉，因为那时候，家成了我们的天地——有爱人、有孩子，可能还有一只可爱的不知道什么品种的乖巧宠物！

每当结束一天的工作，不做过多停留，回家总是我的第一选择。

将钥匙放在收纳盒里，换好拖鞋，将外套挂在玄关的衣架上。我并没有急着开灯，而是轻轻地说了一声："我回来了，今天又是很充实的一天！"

很多人已经开始不愿意回家，他们会去喧嚣的市井中找乐子、去静谧的咖啡厅享受自己的"孤独"，已到午夜时分，才不得不回到自己的家中……

他们坐在车里听着音乐，直到电话响起催促着何时回来吃饭的时候，才缓慢熄火，进入回家的电梯……

我从不纠结回家的问题，就如我从来不纠结晚餐吃什么一样，冰箱里已经提前准备好了晚餐所需的食材。

按部就班，井井有条……

我的家并不像影视剧中的那般一尘不染，冷冷冰冰，而是会让我产生一种依赖，一种有温度的安全感！

在这个并不暖和的春节，我格外喜欢慵懒地在家里度过！

晚餐并不复杂，却也"治愈"，一杯自己喜爱的梅子酒，一本感兴趣的书，在钻入温暖被窝前，我还有很多的时间！

> 生活不只是眼前的苟且，还有诗和远方。
>
> ——高晓松

2016 年，我开始接触到"家居收纳"的理念，让我感兴趣的是，收纳整理行业在美国已有近 40 年的历史，在日本也有 30 年！它，竟然是一份体面的职业！

带着兴趣，我开始接触收纳整理这个领域，在日本学习了很多收纳技巧。早期，我师从日本著名收纳整理专家小岛弘章先生和国内知名收纳达人小乔老师，吸收了较为纯正的日本整理收纳理念和精髓，学习了很多收纳整理的"道"和"术"。

我发现，对于我国家庭来说，我们很难像日本妇女那样平均每天花费 6 小时进行收纳整理！日本那种看上去"治愈"满满的收纳方法及展示，只会让我们望尘莫及！

所以，对于我国家庭来说，收纳的本质是：如果收纳不能让你成为"懒人"，姑且放弃收纳吧。

> 我希望人们自问，居住究竟是什么，以唤醒人们身体中对生活的感觉。
>
> ——安腾忠雄（建筑家）

我很喜欢蚂小蚁在《爱上收纳》中说的："你将看到这个整理师的家……它可能更像一间热热闹闹的'杂货铺'。"

家，是我们生活、居住的地方，不是用来给外人展示、拍照的景点，更不是为了在朋友圈一时炫耀而缺失烟火气的极简炫耀品！

"一地鸡毛"或许是大多数家庭学习收纳并付诸行动后的反应吧！

一次收纳，看上去无比赏心悦目。

随后，刻板的储物放置规则，导致家庭成员不配合；怕厨房油烟影响整洁美观，不得不叫外卖；购买了一系列收纳神器，发现大部分都交了"智商税"！

最后，房间回归本来面目——它乱自它乱，我心岿然不动。

一场轰轰烈烈的家庭"收纳革命"，就此画上句号！

家庭收纳犹如这篇序言一般，由心而定，想到哪里，写到哪里。

我们无须刻板遵循所谓的逻辑、方法、技巧！我们要做的是领会"收纳思维"所倡导的一种生活方式和态度，要了解其中的"道"与"术"中蕴含的"平衡"。

在我国，无论是儒家思想还是道家思想，都讲究一个平衡，而在烹饪技巧中，平衡表现尤为突出，炒菜煲汤时我们听到的总是"盐少许""醋适量"。

家居收纳也是一样，我们一次的收纳付出，是为了家庭成员更好地相处、物品更好地使用，让家庭空间更大更美。

家庭收纳整理，不如说是家庭成员、物品、空间的有效平衡！

夜有些深，微醺的感觉让自己和这个精致温馨而不失烟火气的家融为一体。

让我进入梦乡前，再多写一句：

收纳要经得起时间考验，随心所欲，治愈心情！

我们迷惑的不是收纳，而是懒惰！

在本书动笔之前，我一直在思考一个问题。

我国千年来的各类文化思想熏陶传承，劳动人民不断劳作积累的民间智慧，却在"收纳整理"这个我们自古每天都需要面对的事情，竟然需要借鉴国外经验，把收纳整理彻彻底底打造成一个"舶来品"！

我们是缺少收纳的技巧、储物的空间，还是？

2013 年罗振宇的《罗辑思维》节目红遍大江南北，2015 年陈禹安老师的著作《玩具思维》问世，我想，我们缺少的并不是储物的空间布局，更不是储物的技巧、方法以及那些林林总总的储物收纳"神器"。

我们缺少的是收纳思维！

　　收纳在 2015 年开始爆发热潮，同时在自媒体的不断加持中，搭乘短视频、知识付费的时代快车，迅速红遍大江南北，成为家庭管理的必修课！近年来，我阅读观看了大量中外有关收纳的书籍和视频，发现大多数内容都是从家装设计开始。换言之，打造收纳的美，从装修开始。

　　然而对于大多数新置业的年轻人来说，花光两代人的积蓄购买一套房屋不在少数，哪里还有多余经费完成集美观、收纳大空间、功能性强的装修设计？

　　不能因为一个新的理念、一个物件就将房子的装修全盘否定

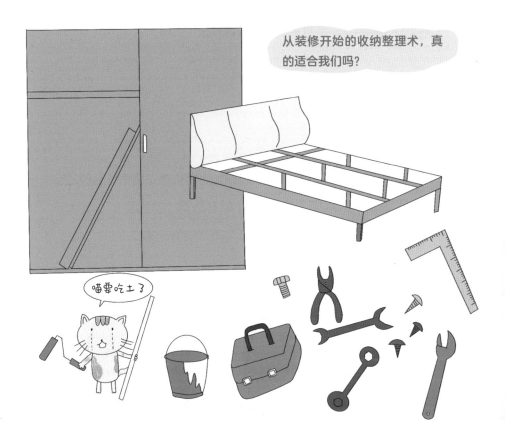

推倒重来吧？我们装修房屋是按照居住 10~20 年的基本要求来做的，单说储物收纳在中国流行不过 5~10 年，难道我们要跟着书籍、视频不停地装修下去，成为新时代收纳行业的"小白鼠"？

在一、二线城市依然有很多在为拥有一个"家"而奋斗的青年人住在出租屋中，他们也向往精致的生活，也希望自己租住的房子获得温馨、空间感强的归属感。

"适合自己房屋的收纳"，乍一听很接地气，也很符合我们的胃口，然而"一看就会，一做就废"的当下，在实际操作过程中，我们依然会陷入迷茫……

　　我所写的这本《越整理，越好运》，希望通过切实可行的适合更多家庭的收纳方法，来探寻和讲解什么是"收纳思维"，让大家养成收纳思维中的行为习惯，同时获得"收纳红利"！

"收纳思维"概括来说涵盖以下三种思维模式。

- 效率思维。让生活更具效率，物品都有自己的位置，寻找、使用、归位更加便捷。
- 理性购物思维。让冲动购物欲望减少，更加理性。
- 红利思维。收纳得井井有条，成就感油然而生，并使家庭成员参与感增强，更有助于家庭的和谐。

搜罗现有市面上的关于收纳的书籍，无非是"断舍离""摊开、分类、收起来""藏八露二"等一些常见技巧的具体化。当然，

在本书中，我也会根据不同的生活场景对上述技巧的实际运用进行详细讲解，但我更希望的是，收纳源于心情，却能治愈心情！

> 游戏化的核心是帮助我们从必须做的事情中发现乐趣，通过让流程有趣而使商业产生吸引力。
>
> ——凯文·韦巴赫，《游戏化思维》

收纳整理贯穿于我们日常生活中，运用收纳思维让收纳整理这个家务活更具游戏感！

家庭成员都能参与，遵守犹如游戏规则的"收纳规则"，便是本书所要强调的、在收纳整理过程所获得的收纳红利！

"比起正确地做事，做正确的事情更重要！"当我们读完这本书，领会了收纳思维后，如同我们选择了一个正确的事情，从而为之付出！

正如《玩具思维》中提到的："'好玩地做事'等同于'正确地做事'！"那么让收纳娱乐化，便是让家庭成员一起去正确地做事！

收纳思维是一种超越家居装修设计、满足储物功能基本需求的思维方式。它赋予家庭购买消费实用性、家庭归属感，满足收纳过程中的成就感、愉悦感，在基本储物、家庭整洁之外，也会满足情感、安逸、温馨的深层次欲望。

然而，当我作为收纳师，为很多家庭进行收纳整理、为很多人讲解收纳的乐趣时，他们总会用狐疑的眼光和口吻说：

* "做家务还能快乐？这不是天方夜谭吗？"
* "收纳就是'智商税'，就是让我们买各种收纳工具，就是装修设计的另一种营销手段！"
* "收纳就是一时干净整洁，拍几张照片！过几天依然会乱成一团！"
* "收纳书籍、视频很多，都是看了怦然心动，做了原地踏步！"

很长一段时间，我也曾对收纳产生困惑，不是困惑收纳是否能给我带来快乐和家庭幸福指数的提升，而是开始怀疑我们是否需要收纳？

人工作的目的是为了提升自己的心志……日复一日勤奋地工作，可以起到锻炼我们的心志、提升人性等了不起的作用。

——稻盛和夫，《干法》

读到《干法》开篇这段话时，我忽然有所顿悟：

我困惑的不是收纳，而是如何让人们学会"有效收纳"！

众所周知，任何一种收纳方法，都是让我们更好地学会"偷懒"。

我能在整理收纳过程中获得快乐，将每次收纳成果作为一种骄傲和奖励。通过收纳，我有了属于自己的一套"收纳思维"，并融入我的思想体系，成为我为人处世、提高修养的重要理论依据。

收纳思维进入我国家庭还不到 10 年的时间，我们也还在经历逐步从"大"到"小"的过程演变。

2021 年全国人口普查中，我国家庭有一个显著特点就是家庭数量呈现增长，而家庭成员开始减少，三口之家、四口之家已经普及。换句话说，80、90 后已经开始拥有自己的家庭，大多数已经拥有自己稳定的居住环境！

所以在我国家庭中，收纳整理是必修课，但需要时间，要逐步改变大家的认知。

收纳的核心是养成良好习惯，让生活更加便捷！更加节省时间！ 收纳思维的核心还需要慢慢渗透到我们每个家庭中。所以，我没有那么急躁了，我认认真真地做好收纳师的工作，写好每一篇收纳的心得文章。

如果这本书中的一个技巧、一个思想内容能对读者有一点点启发或认同并付诸行动，那对于我和这本书来说，就是成功的。

我也坚信，对于收纳整理的执着，会给我带来意想不到的好运！

学会"偷懒"，不妨从收纳开始！

我热爱工作，又不喜整天工作，所以我会在工作过程中想方设法"偷懒"，借助工具、技巧提高工作效率，加快工作进度，从而获得更多属于自己的时间，让自己能心无旁骛地吃一顿大餐、看一场电影，甚至不用去担心工作的事情，来一场开心的"放纵式"的度假！

或许你有很多理由不喜欢工作，那么不如在家庭收纳整理过程中学会"偷懒"，形成自己的高效率的生活体系，用收纳整理的过程来做一次又一次磨炼自己的"修行"！

我坚信，这样的"修行"对我们每一个人的生活状态都会产生积极的影响！

杜绝懒惰，学会巧妙的"偷懒"！

我们要寻找的是解决问题的方法，是要构建我们强大的精神体系和强壮的身体系统。所以，"偷懒"式地提高效率，获得高额回报，提升生活品质，才是当代年轻人、初为父母的年轻夫妻应

该去做的事情。

　　我们要在自己的房子里面居住 10 年、20 年甚至更久的时间，我们已经从内心深处知道要打扫它、整理它。那么，我们也应该转变思维观念，认认真真地学习收纳整理，让收纳陪伴自己的家，永葆青春！

　　收纳，让自己的房子变大，给自己的心灵放假！

目 录

第1章

玄关整理收纳技巧

第2章

客餐厅整理收纳技巧

第7章
书房整理收纳技巧

第1章 玄关整理收纳技巧

家是温馨的港湾，是可以让我们消除疲劳，让身心休憩的地方。而家中的玄关，则是我们踏入"港湾"的第一步。

在日剧中，我们常会看到，主人公出门或回家总会说一声"我出门了""我回来了"，这不仅仅是一声招呼，更是一种仪式，一种面对工作和生活身份转换的仪式。你会发现，小小的玄关空间，承载着人们角色切换的重要使命。

大部分人可能认为"玄关"一词来源日本，但事实上，"玄关"一词源于我国，是我国道教修炼的特有名词，最早出自《道

德经》："玄之又玄，众妙之门。"用来形容"道"的微妙无形。而用在房屋建筑中，"玄关"正是微小而奇妙的所在！

作为一支为上百个家庭提供过入户服务的整理收纳师团队，我们深刻感受到玄关的重要性。它是进入家庭的必经之地，是每一个家庭展现给外人的第一印象。因此，它不仅要有收纳的实力，还要有超高的颜值。

自己进门好下脚，访客到访无烦恼

在使用功能上，玄关可以用来作为简单地接待客人，接收快递包裹，更换外套、鞋子，放置雨伞、包、钥匙等小物品的平台。

我们不妨先回忆一下，平常你回到家时的场景：

- 包包顺手往地上或鞋柜上一扔；
- 满怀的快递包裹往地上一丢；
- 扶着墙，摇摇晃晃地换下高跟鞋；
- 常穿的拖鞋不是在鞋柜中，就是鞋柜底下的空隙里，还需用脚把拖鞋踢出来；
- 打开鞋柜，一股刺鼻的味道扑面而来。

再说说，我们平常出门时的场景：

- 换鞋凳上堆满了杂物，把杂物往里推一推，勉强挤出小空间才能坐下换鞋；
- 没有换鞋凳的家庭，直接坐在地上或者返回到客餐厅的凳子上换鞋；
- 好不容易穿戴整齐，再跑回卫生间，照完镜子，整理妆容才能出门；
- 出了门才发现忘记带钥匙，下楼后才想起厨房的垃圾还没有扔！

上述场景，对白天在外忙工作的职场人士来说，已司空见惯。我们并不喜这样过于"匆忙"的生活，这只会让我们疲倦。下班后拖着疲倦的身体回到家中，换上舒适的棉拖鞋，切换到慵懒居家的放松模式，也是对我们每天都这么努力工作的一点点"奢侈"的回报！

改变，要从自己进门好下脚开始做起！

很多人回到家中，明明鞋柜就在旁边，却懒得开门关门。为了方便，喜欢把常穿的拖鞋直接摆放在地面。随着时间的推移，不只拖鞋，还有经常穿的鞋子，也都摆在了鞋柜外面。这样看似方便，时间久了，杂乱摆放的鞋子就铺满了玄关的地面。

很多家庭都会疑惑，家庭自用拖鞋及客人到访所需要的拖鞋，如何进行便捷收纳，方便随时拿取，同时玄关地面空间依然保持干净整洁？

为了既好看又能方便换拖鞋，我们可以利用入户门背面或者侧墙面的面积，安装一个鞋架。把常穿的拖鞋竖立式收纳，建议2~4 双（不可超过 4 双），并且建议鞋子色调搭配和谐统一，防止色差及款式不同造成视觉凌乱。

磁吸拖鞋架

现在市面上有一款磁吸拖鞋架，完美拯救了我们这批寻求"方便主义"的人。

❖ 优点：充分利用墙面面积，让常用的拖鞋方便拿取放回。

❖ 缺点：不适合大面积使用，拖鞋款式不统一，就会显得杂乱。

除了入户门背面的面积，还可以在鞋柜侧面安装拖鞋免打孔拖鞋架。其实原理很简单："能上墙则上墙。"

如果家中时有客人到访，我们可以备两双客人专用拖鞋，这

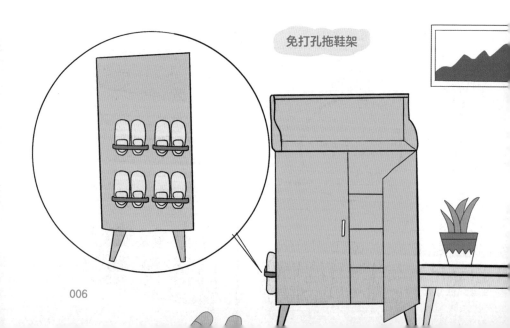

免打孔拖鞋架

样也卫生健康。

总是天真地认为家里会来很多客人，于是采购了一批客用拖鞋，结果一年才用一到两次，浪费不说，还占据较多空间。那么，我们该如何收纳这部分不常用的拖鞋？

不常使用的拖鞋可以放在玄关柜的最上层空间。由于上层柜体空间一般高度较高，为了防止拖鞋滑落，可以借助一根万能伸缩杆进行固定。

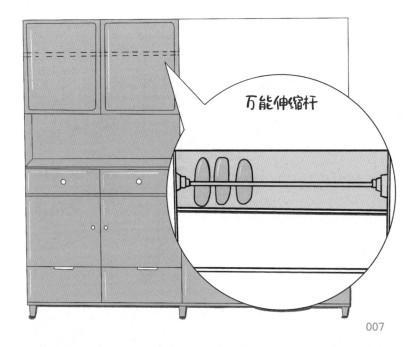

也可以将不常使用的拖鞋收纳在鞋柜门的背面，只需要安装免打孔拖鞋架，其承重力完全可以支起拖鞋。利用门的背面空间进行收纳，也是一种最为常见的收纳方法。

　　为了一年才来几次的客人，单独准备客用拖鞋不划算，还得考虑清洗问题。推荐选用鞋套，不仅可以清洗重复利用，而且经济实惠。

草莓老师温馨建议

　　经常出差或旅游的朋友，可以向酒店索要几双一次性的拖鞋备用。星级酒店拖鞋质量较好，有利于使用频次不高的家庭待客使用。

入户玄关规划好，家居收纳轻松搞

在我国，玄关装修至关重要。它不仅可以起到"撑门面"的作用，同时，对于小户型来说，它又是一个非常重要的储物空间。

前文提到，在使用功能上，玄关可以用来简单地接待客人或接收快递，也可设置放钥匙等小物件。如果再安装一些暖色灯带等装饰，在玄关柜的展示台面上放置一瓶香薰，这样干净温馨的玄关，会让人一回家就心情愉悦，瞬间治愈一天的疲劳。

由此可见，打造一个完美的玄关是何等重要，而安装一个合理美观的玄关柜，则是重中之重！

如果玄关或玄关柜前期未得到合理的规划，就会出现玄关空间或玄关柜层设计不合理，鞋子收纳难、储物空间不足、美观度欠缺等一系列问题。

在众多上门做整理收纳的客户服务案例中，我们发现大多数家庭玄关收纳最为突出的问题，便是鞋柜空间满足不了鞋子的存放。主要有以下几个原因。

1. 家庭成员的鞋子，只进不出，数量越来越多。尤其是女性，她们更加偏爱购买各种款式、各种颜色、低中高跟等类型的鞋子。再加上随着家庭成员的增加，鞋子总量也随之不断增加。

2. 当初设计鞋柜时，由于层板间距规划不合理，出现空间浪费的现象。比如放入平底鞋后，上方会空出一大块空间，为了利用空间，就会将鞋子一只一只塞进去，结果是要么鞋子被挤压变形，要么难以找到所需要的鞋子，最终被束之高阁。

我们在入户服务时发现很多家庭为了利用鞋柜空间，会在网上购买很多所谓的"收纳神器"，结果发现并不好用，收纳效果不像"卖家秀"那样神奇，性价比极低。

3. 预留中筒靴、高筒靴的位置，却依然杂乱。也有家庭在做鞋柜时特意留出了摆放中筒靴、高筒靴的位置，可是夏天一到，高筒靴收纳起来后，这一块空间就只能放一层鞋子，看着空间闲置又觉得可惜。所以有的家庭开始叠放各种鞋盒子，结果时间一长又堆积了一堆杂物。

4. 具有收藏价值的鞋子越来越多。随着生活越来越富裕，就像女性喜欢收藏包，男性也喜欢买各种限量版的鞋子收藏。鞋柜里存放了较多鞋盒，拿取不方便不说，还经常找不到。凌乱繁杂，时间一长最终选择视而不见。

这样不合理的收纳案例，在现实生活中举不胜举。

前文中提到，鞋子只进不出，是鞋柜放不下鞋子的最大问题来源。这时候我们可以先对家里的所有鞋子进行一个取舍、分类、控制总量。

取舍是最难的过程，不妨让自己慢慢来。

将所有的鞋子摊开摆在你的面前，在取舍之前可以稍微回忆一下，自己当时买这双鞋、穿这双鞋时的情景。

有意思的是，大多数朋友都会说当时的购买行为都源于"一时冲动"。所以，在收纳前，我们不妨对鞋子来一次"断舍离"。以下五种鞋子，可以考虑丢弃了！

- 破损严重的鞋子；
- 变形、变黄的鞋子；
- 不合脚的鞋子；
- 风格过时的鞋子；
- 设计过于潮流的鞋子。

每个家庭由于穿搭习惯、家庭成员增加等，鞋类的喜好和数量都不一样。通过断舍离，我们大致能了解被留下来的各类鞋子的情况，是平跟鞋多还是高跟鞋多，是休闲鞋多还是时装鞋多。

根据每个家庭的情况，我们设计了一个表格，并按照常见鞋类的高度，对鞋子进行了划分，你可以将统计数量填入表格的空白栏中。

	拖鞋	平底鞋	低跟鞋	运动鞋	高跟鞋	低筒靴	中筒靴	高筒靴	其他
高度	5cm	5cm	6~8cm	8~10cm	10~15cm	25cm	35cm	45cm	
女士数量									
男士数量									

知道了以上几类鞋子的高度，我们就可以设计鞋柜层板的高度。

- 15cm：可以放平底鞋，比如拖鞋、运动鞋、凉鞋等；
- 20cm：可以放 20cm 以内不加防水台的普通高跟鞋、不带跟的及跟裸靴；
- 25cm：可以放有防水台的高跟鞋、带跟及低筒靴；
- 45cm：可以放中高筒靴。

现在市面上的装修公司都会贴心的建议，玄关柜设计时选择添加侧排孔，可以根据实际需要，随时调整层板。比如到了冬天，只要拆除一块层板，即可放置长筒靴。到了夏天，把靴子收纳起来，再将层板重新加上，又可以多一层收纳空间，而且鞋子上方

也没有浪费。

那已经安装好的鞋柜，又该如何进行二次改造，增加收纳空间呢？

❀ 如何收纳和改造鞋柜

第一，测量柜体的尺寸，在网上联系商家，定制层板。购物网站搜索"层板定制"，需要注意的是，这款隔板需要借助电动钻。

层板定制

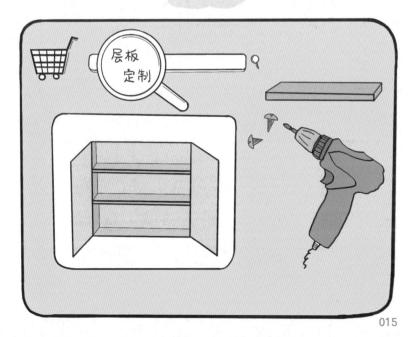

第二，为了便于安装，免除打孔等繁琐操作，可以搭配购买"免打孔隔板托"加强固定，以提高承重效果。

免打孔隔板托

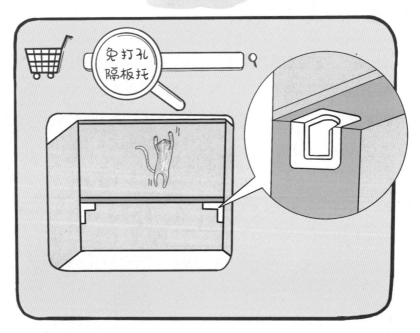

第三，安装免打孔伸缩隔板。可以根据鞋柜的宽度，自由调节。在购物网站就可以采购隔板，材质轻盈，其本身就是一个层板，卡在柜子上。我们可以根据实际需求，调整隔板高度，也不用担心层板宽度问题。

免打孔伸缩隔板

对于伸缩隔板，其实一直有一个争议，就是卡不住，容易掉。现在的伸缩隔板工艺，一般都会随隔板附赠类似前面所说的层板固定贴，以保证双重支撑。

第四，巧用万能伸缩杆。万能伸缩杆不仅应用灵活，安装简单，而且移动方便，不管是瓷砖、木门还是墙表面都可以使用。不用打孔，也不用螺丝，只要将两端拧紧，水平固定即可，不破

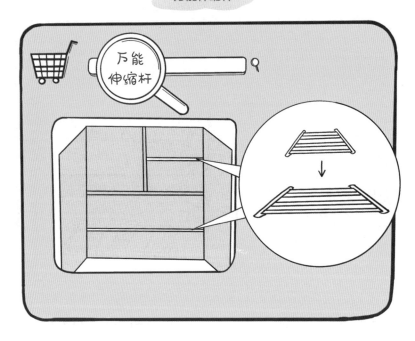

坏墙面，还能反复利用，比隔板安装还要简单方便。需要注意的是，如考虑到承重，还需要采购加固托。

❀ 关于鞋柜深度的收纳空间技巧

一般女士鞋子的基本长度为 25cm，男士鞋子的最大长度为 32cm（特殊情况除外）。装修时，我们可以根据家庭成员的实际情况和场地条件，来设置鞋柜的进深。鞋柜的进深最好不要低于 35cm。

　　除了常规家庭鞋柜收纳方法以外，有些家庭的玄关鞋柜是定制的。由于入户通道空间充裕，为了增加收纳空间，一些家庭会增加柜体的进深，甚至深到可以放置两排鞋子。

　　虽然可摆放的鞋子数量增加了，但是拿取却变得非常不方便。原因就在于只能看到眼前（外侧）的那双鞋，久而久之，放在内侧的鞋子使用频率就会很低，甚至会被遗忘。

　　当然超过 35cm，拿鞋子就要伸手进去。如鞋柜太深，放在下层的鞋子，就会被层板挡住，不方便找，该怎么办呢？

　　可以使用康普蒙拉出式托盘，使鞋柜隔板变成抽屉式的，拿取的时候，整排的鞋子展现到眼前，一览无余。

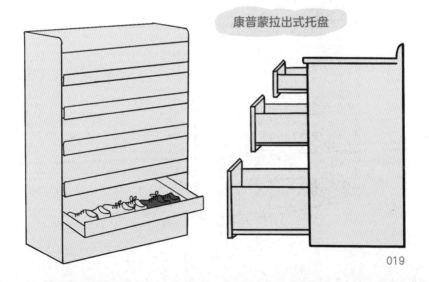

康普蒙拉出式托盘

鞋柜进深太深时，可采用下面的摆放方法：

❖ 鞋柜进深 35cm 以内，平行法；

❖ 鞋柜进深 35~45cm ，交错法；

❖ 鞋柜进深 55~60cm，前后法。

当鞋柜进深太浅，又该怎么办？一个方法是将层板做成斜板。把鞋柜里的层板做成斜的，然后鞋子就可以斜着放进去，这样深度不够也不影响鞋子的收纳摆放。

斜板鞋柜

另一个方法是做成翻斗鞋柜。

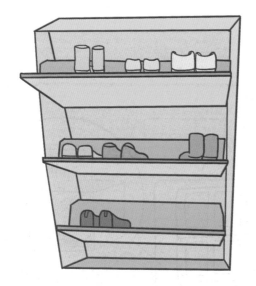

翻斗鞋柜

注意：翻斗鞋柜最大的问题就是不适合放置高跟鞋、高帮鞋，其仅适合放平底鞋、休闲运动鞋、平跟皮鞋等。

🌸 防尘美观的鞋盒

当鞋柜里存放了一堆鞋盒时，不仅杂乱，也容易堆积灰尘，我们可以试试下面的透明鞋盒。一目了然，立马就能找到自己想要的那双鞋子。

购物网站搜索："思库布鞋盒"：通风、透气、透明、一目了然、可水洗；"开门式鞋盒"：材质结实耐用，可以层层叠加。

思库布鞋盒

这里需要注意的是，市面上的塑料鞋盒收纳款式多样，购买前务必要注意塑料的材质，避免劣质或者有毒塑料的侵害。

❀ 收纳不容易复乱的小技巧

生活习惯会杀死一切家装设计。我们通过大量的实践操作，验证了一个"永不复乱"的方法。

试试给家庭成员的鞋子设置各自的区域，在陈列鞋子时，需要考虑到"视觉黄金区"，用来统计鞋子的使用频率，从而进行收纳。

首先，在前文提到的将鞋子断舍离以及分类和掌握总量的前提下，按照家庭成员的身高以及鞋子的类型将它们收纳起来：

- 鞋柜的最上层放置换季的鞋子，比如中高筒靴，或者不常用的客用拖鞋；
- 鞋柜的中上层放置家里男主人的鞋子（因为男性的身高普遍高于女性）；
- 鞋柜的中下层放置家里女主人的鞋子；
- 鞋柜的下层放置家里孩子的鞋子（方便孩子拿取）。

其次，可以应用可视化管理，利用标签纸，为每位家庭成员固定一种颜色。尤其是有儿童的家庭，方便孩子从小养成拿取归位的好习惯。比如，蓝色标签代表男士、红色标签代表女士、绿色标签代表孩子。

这样做的好处是为了避免因没有明显的标识，家庭成员就会随意摆放位置，久而久之就会复乱。当然还有一个好处，那就是这样做可以起到控制总量的作用。

务必做好摊开和分类工作，最后按照收纳原则中的"收起来"原则把鞋子收纳到玄关鞋柜中，才能达到不复乱的效果。

目前越来越多的家庭流行换鞋凳。坐在凳子上换鞋当然很方便，但是当你在犹豫玄关柜要不要安装换鞋凳的时候，请先想一想你的家庭成员的穿鞋习惯，以及你所拥有的鞋子种类。

你真的愿意放弃 1㎡ 的鞋子收纳空间，去打造一天只用到几次的穿鞋凳吗？

如果你又想拥有换鞋凳，又不想浪费 1㎡ 的面积，那么我推荐试试下面的折叠型换鞋凳。商家提示可承担 200kg 的重量，方便且不占用空间。

如果家里有老人，考虑到年纪大的人穿衣穿鞋手脚肯定不灵活，为帮助他们少弯腰穿鞋，还可以搭配一个"鞋拔子"。

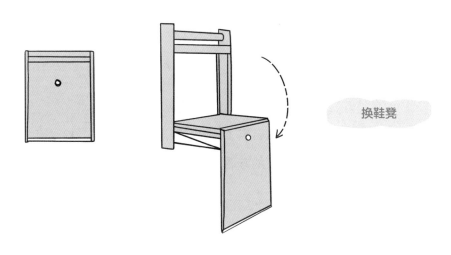

换鞋凳

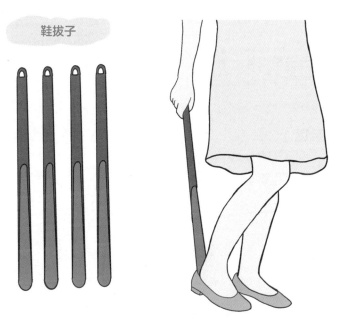

鞋拔子

鞋拔子又叫鞋拔、鞋溜子。把鞋拔放入鞋后跟，只要踩一下，就可以轻易、快速地把鞋子穿好，避免双手直接接触鞋子，卫生、方便。

购物网站搜索：磁吸鞋拔子。这款神器，不用的时候直接磁吸在门上，使用方便，收纳方便，并且不会因为随便乱扔，待再使用的时候无法找到。

合理规划设计玄关柜，让你的收纳空间变大

在憧憬美好的玄关柜设计前，我们来看看现实生活中常见家庭的玄关柜设计，以及所面临的尴尬！

常见玄关柜设计一般会包含展示区、抽屉区、悬空区、次净衣区等。

✿ 展示区

展示区的功能是为了彰显主人的品位而设计的。例如，摆放一盆绿植、挂一幅油画、展示一些艺术品等装饰物。

但近年来随着人们对卫生防疫的重视，回家后的消毒工作也

成为一个首要环节。玄关也承载了快递包裹消毒拆装、个人消毒功能，这里就成了我们堆积杂物的区域，各种小物品都会出现在这里，如快递盒、口罩、消毒喷壶、购物袋、钥匙、保温杯、折叠伞，等等。

那么，如何避免台面乱糟糟的问题？

在玄关准备两个收纳盒，比如将拆快递用的剪刀、裁纸刀、水笔、信息遮盖印章（前文提到的热敏胶贴）收纳到一个盒子里，通过分组收纳，让台面整洁美观，还不会丢三落四。

❀ 抽屉区

抽屉区的功能是用来收纳随手放置的物品的。大部分家庭都知道这个抽屉区的使用功能，就是把鞋垫、鞋油、鞋套、粘毛刷、环保购物袋、湿巾、雨具、遛狗绳等一股脑地塞进抽屉里。久而久之，抽屉区里塞满了各种各样的物品，越积越多，直到再也放不下为止！

如何解决这一问题呢？

我们需要在抽屉里放置几个活动分隔盒，将上文提到的小物件规划出放置的空间，同时也是方便家人"物归原处"。借用工具，把物品分类存放，你会发现原本混乱的抽屉瞬间清晰起来。

- 塑料分隔盒。材质硬挺、容易擦拭清洗，缺点是很难找到尺寸刚好合适的。
- 牛皮纸袋。可以按照抽屉的高度折叠，既能起到分隔的作用，而且材质柔软。
- 纸盒包装袋。废物再利用。

活动分隔盒

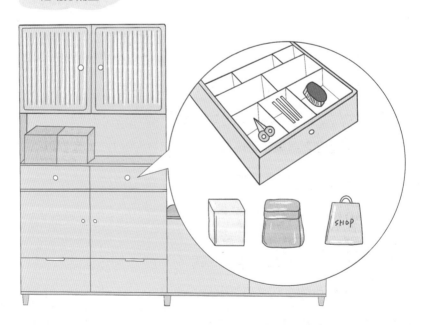

❀ 悬空区

悬空区是指不需要弯腰就可以换鞋的区域。

据说，这个区域的设计灵感源于一位设计师因年迈的母亲的腰不好，弯腰脱换鞋子不方便而设置了此区域。

很多家庭也设置了悬空区，大部分都是装修设计师的建议。原本想着这样出入门换鞋方便，可实际居住以后才发现，久而久之这个区域里面横七竖八躺着的全是鞋子，还特别容易积灰，清扫很不方便。

玄关鞋柜底部留空一半，而不是"鞋柜底部留空一排"！

普通离地悬空一般为 15~20cm，但是女士的高跟鞋、长筒靴，男士的 AJ、高帮运动鞋就放置不下。

如果真想做悬空的换鞋区，建议再增加 10cm 的高度。

还可以将悬空区缩小一半，留出一半可以进出换鞋，一半也可以做换鞋凳，底部封闭式收纳可以放些其他比较隐私或杂七杂八的小物件。

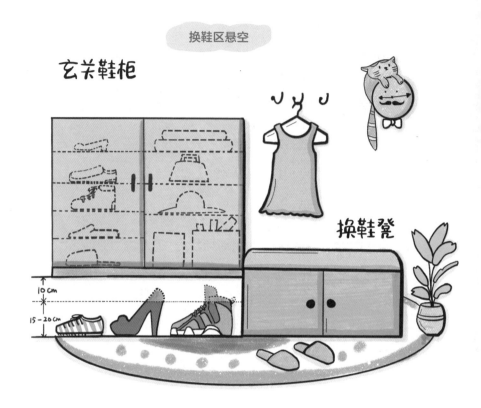

由此可见，在前期设计的时候就得考虑到家庭成员的习惯和需求。

❀ 次净衣区

次净衣区的主要功能是入门时挂置秋冬的外套和包包。

"次净衣"是指仅穿过一次的衣服和在不清洗的前提下可以

再次穿着的冬季外衣。此区域设计很好地将衣物进行了整理归纳，同时，如是喜欢社交的家庭，还可以用于悬挂客人的外套、包包和帽子等。

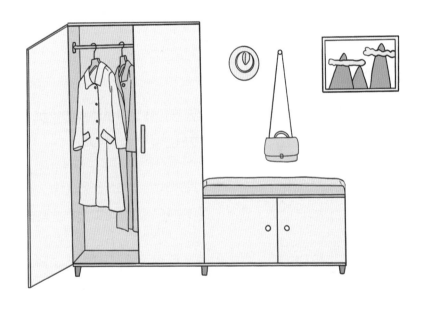

我们来假设一个有趣的场景：

回到家中，那个饥肠辘辘、想要立刻坐到饭桌前的你；工作疲劳，想要立刻躺到沙发上的你；孩子缠着要陪他玩游戏的你……你还会按部就班、有条不紊地完成下面的操作吗？

第一步，打开玄关柜门；

第二步，把衣架从挂杆上取下来；

第三步，把衣服挂到衣架上；

第四步，把衣架挂回挂杆上；

第五步，关上玄关门。

完全按照设计师的思路去设计玄关，并按照设计师的设定来按部就班作为家庭主人的生活，这真的是我们想要的吗？

装修交付的时候，设计师拍个美照就会消失在茫茫人海，留下为现实生活奔波的你，才发现这样理想的设计与现实存在着巨大的差异。

在实际使用过程中，这里久而久之会变成一座"衣服山"。假设客人一年到家里的次数为一个月 2 次，那么全年仅 24 次，所以没有必要牺牲如此大面积的收纳空间，去考虑客人到访衣物放置的问题。

我们真的需要次净衣区吗？

次净衣处于净衣物和脏衣物之间的灰色地带，一不小心就会沦为"杂物区"。比如，只穿了一次的衬衫、针织衫、等待送去干洗的西服、等待手洗的羊毛衫，以及皮带、包包、饰品等。

很多脏衣服没法直接混放在脏衣篓，又不能放在衣柜，只好暂时和次净衣存放一处。这样时间一长，就算本来不脏的衣服，也变脏了。

每次洗衣服前，都要看一看，挑一挑，然后根据衣服的成色、褶皱度来判定需不需要清洗，实在不确定的，还会凑上鼻子闻一闻，是不是有种早知如此何必当初的感觉？所以除了秋冬的西装、羽绒服、羊绒衫等仅穿了一次的衣物，其他都需要及时清洗。

如何收拾这部分次净衣呢？

- 对于一些不便频繁清洗的，可以用高温熨斗烫一下，衣服又会整洁如新了。
- 使用除菌喷雾，把衣物处理干净，然后到阳台晾晒后及时放回衣柜，和干净的衣服放在一起。
- 在玄关或者阳台常备熨斗、喷壶、羊毛掸子、除尘滚轴等，冬天的外套穿了一次不想清洗的情况下，可以先在阳台做通风，隔天再挂到卧室衣柜里。

❖ 在衣服刚换下来的那一刻，建议将它归成两类：一类干净
衣服，一类脏衣服。春秋季的衣服要做到定期清洗，夏季
的衣服则要做到每天换洗。

99% 的人不知道的玄关隐藏功能

很多人都知道如何利用平面面积，却容易忽略墙面面积。

上文中我们就提到过折叠伞可以收纳到抽屉柜或者收纳盒里，
但是长柄伞又该如何收纳呢？

事实是很多家庭户型中入户玄关并没有设计可以放置伞架的空
间位置，而且，由于传统雨伞架大多是金属制品，非常容易生锈。

在这方面，日本的主妇太太们用她们的智慧完美解决了这个
问题。那就是巧妙利用入户门或玄关门的背面空间，不仅不影响
开关门，还解决了雨伞收纳空间的问题。

在玄关门上安装两根伸缩杆，只需要把伞挂在伸缩杆上即可。
这是一种灵活利用玄关门背墙面面积的收纳法，推荐给没有空间

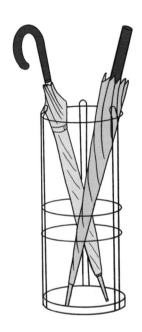

传统雨伞架

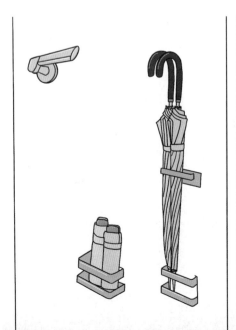

放置雨伞伸缩杆

放伞架，以及不希望玄关空间变狭窄的家庭。

可以在网上购买成品，底层的托盘设计还能蓄积雨水。

除了安装伸缩杆外，我们还可以在玄关墙面安装金属磁吸挂钩，用来悬挂钥匙、包包等小物品，方便随时取用。

磁吸挂钩

草莓老师温馨建议

注意，玄关整理也有推荐步骤。请参考如下步骤：

- 清空柜子、空间规划、鞋子摊开分类、按区收纳、小物品设置固定位置并及时归位、换季只做一次。
- 玄关一定要集中一次性整理，才能最有效地将同类物品做到集中收纳。
- 不要轻易扔掉舍不得扔又放不下的物品，优先改造空间格局，尽可能保留心爱之物。
- 合理调整鞋柜层板，可以容纳更多鞋子，记得留侧排孔。

看完本章节，你有没有想要彻底整理一次玄关及鞋柜的冲动?

玄关是我们回家和出门的必经之地，我们在家里和家外也承担着不同的身份和角色。如果我们在出门前一切尽在掌握之中，从容淡定地出门，是否会瞬间神清气爽，元气满满地开启新的一天?

回家后再看到整洁有序的布置，你也许会快速卸掉一身的疲惫，投入到温馨的家庭互动中!

收纳让我们可以更好地做自己，更好地表达对家人的爱，一切从进门开始。

章末彩蛋

玄关除臭方法

- 消毒喷雾 + 除臭喷雾；

- 擦鞋湿巾 + 次氯酸水清洁鞋面；

- 足部消臭去味喷雾；

- 放置一瓶香薰精油；

- 樟脑丸；

- 在鞋柜中放置一块香皂，特别是那种香氛手工皂；

- 在选购或是定制鞋柜时，尽量不要全封闭式的，最好是百叶门的鞋柜，可以保证柜内充分通风，防止鞋子发臭。

第2章

客餐厅整理收纳技巧

忙碌一天，回到家中，你更希望做什么？

随着社会不断发展，竞争日益激烈，人们将大量的时间和精力投入工作中，根本无暇顾及房间收纳。

一旦沙发沦为"衣服山"的"主战场"，餐桌、茶几又如何能幸免于难？随处可见用过的餐巾纸、各种吃剩下的外卖盒、满地的快递盒等。

这应该是大部分现代年轻人的真实写照。

互联网时代生活的碎片化，让 80 后、90 后乃至 00 后已经无法长时间地专注于做一件事。在现代社会，专注力已经成为稀缺资源，家居收纳更加无法吸引年轻人的注意力，并为之付出行动！尽管他们也向往整洁的家庭环境、有序地收纳物品、超"大"的生活空间。

让家庭回归安逸、回归本心，在家中可以放空自我，对每个家庭来说都是相当重要的。

客厅这个被多少年轻人忽略的场所，本该是一个家庭成员交流、娱乐、待客的地方，却越来越成为"鸡肋"，年轻人更加愿意躺在卧室的床上玩手机，也不愿意在客厅多待一分钟！

据统计，家庭颜值的 70% 源于客厅，家庭成员生活轨迹的 60% 在客厅，家庭功能的 50% 在客厅完成！从收纳角度来讲，客厅是家庭收纳的重要场地：空间更大、储物更多、收纳更具灵活性！

家庭颜值 70%
家庭成员生活轨迹 60%
家庭功能 50%
客厅
敲重点

客厅收纳基本规则

房子并不等于家，只有融入感情、融入交流才叫家。

客厅是家庭成员沟通交流、看电视、阅读、接待亲朋好友、亲子玩乐，甚至工作、健身、用餐等完成日常活动的重要场所，所以客厅物品也随之相对较多。

客厅的收纳空间可以根据家人在客厅里的行动路线规律，以及活动所要用到的物品等角度来设计。

客厅收纳空间设计思路包括以下几点：

根据行动路线规律，设计客厅布局

- 根据客厅承载的功能需求，将物品罗列清单；
- 家装设计前，需要考虑有足够的空间收纳客厅要用到的物品；
- 高频使用物品存放可以顺畅拿到（拿取动作最少）；
- 客厅台面除了部分装饰品外，没有别的杂物，墙面装饰、背景墙设计简洁，防止客厅花哨造成视觉疲劳；
- 不规则客厅格局，巧妙利用转角等微小空间设置收纳空间；
- 关注家人的使用习惯和行动路线。

比如家里有孩子，客厅基本上就是孩子的游乐场，玩具和图书的收纳位置应该是孩子身高可以方便取放的；如果是跟长辈同住，老年人比较怕弯腰屈膝，老年人要用的物品最好是放在不需要弯腰拿取的地方。

孩子玩具存放在较低的地方

老人的物品存放在
不需要弯腰拿取的地方

枸杞

045

草莓老师温馨建议

对于已经完成装修的家庭，客餐厅收纳空间不足时，可以考虑更换房屋布局来增加收纳、活动空间；或者摒弃多余、不常用的家具；或者更换自带储物空间的沙发、电视柜等。

对于小户型而言，客餐厅按照阅读、用餐、情感交流三个方面设计。

传统客厅的收纳技巧

客厅作为家中核心、面积最大的区域，在设计其收纳区时，一定要围绕每天生活在其中的家庭成员来规划。

传统客厅依然是当下主流（并非所有家庭为了收纳而重新进行一次房屋装修），既要美观，还要承担一部分储物收纳属性，让空间利用最大化。这就要从家具、物品摆放、收纳工具进行规划，运用收纳技巧来改善。

客厅收纳家具孰优孰劣？无论是哪种户型，都需要根据居住

传统客厅布局

功能需求和具体情况做一些收纳设计，传统客厅常做的电视柜、
展示柜、茶几、边几柜等，都可以用于收纳和填充空间。

这些柜子和家具并不是盲目添加的，而是需要结合区域整体
情况，针对每件家具的特性做出选择。这里主要以电视柜、茶几、
沙发为例进行分析。

❀ 电视柜的挑选与收纳

市场上主流款式的电视柜可以分为：悬浮电视柜、地柜、吊柜、地柜+吊柜以及背景墙柜。

主流款式的电视柜

一般来说，电视柜的款式不仅决定了空间的美观性，还决定了客厅区域收纳空间的多少。

常规的电视柜尺寸有 180cm、200cm、240cm。这个尺寸的挑选要根据客厅、电视机、背景墙的大小来进行挑选，才能保证与客厅整体的协调性。

不过，在引入"收纳思维"的概念后，我们建议采用定制柜，根据墙体实际面积进行设计制作。有条件的家庭，打造一面嵌入式的电视柜，具备收纳功能的同时，也节约了空间。

我们来了解一下嵌入式电视柜各自的优缺点。

三种嵌入式电视柜

全开放
优点：
一目了然，拿取方便
可以有"展示区"

缺点：
视觉杂乱，容易积灰
打扫很麻烦

建议：
适合经常有人打扫的
家庭

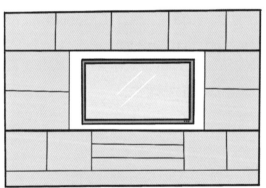

全封闭
优点：
眼不见心不烦，整洁不显乱
不易积灰

缺点：
没有展示区，时间久忘记物
品存在，增加寻找时间

建议：
适合物品不多，现代
简约风设计的家庭

藏八露二
优点：
藏八露二原则，既能
展示又不显凌乱

缺点：
也要定时进行打扫，
清理灰尘

建议：
从实用性、美观性来说，
优先推荐

关于电视柜的选择，还要根据具体家庭实际需要，选择环保、耐用的材质，款式可以根据个人喜好进行选购。

电视柜能装还不够，会摆放也很重要。

物品的摆放也有一定的顺序。根据人体工程学原理，从我们的腰部到视线这一区间高度，是我们不用踮脚弯腰就能够达到的高度，所以常用的物品放在这个位置（也就是下图的常用物品区）是最方便的。

常用物品需要方便拿取

所以，如果做了满墙的电视柜，物品的正确摆放区域应该如下图所示。

物品正确的摆放区域

如前文所述，客厅是家里的公共空间，它容纳了全家人 70% 的公共物品，例如装饰摆件、相册、药品、书籍、电子产品数据线、收藏品等。

依据人体工程学的原理，我们可以在柜子的中间放一些杂物，比如文件、药品、针线等；顶部展示区可以放置一些装饰品、工艺品；最下方区域优先考虑孩子的玩具收纳区，培养孩子自己动手收纳玩具的好习惯。

❀ 茶几的挑选与收纳

在客厅收纳空间中，茶几也是一种可以用于收纳的家具，同时茶几的造型、款式也可以体现出主人的品位！

在挑选茶几的时候，我们需要确定它的功能属性，是用来装饰、喝茶，还是用来储物？

如果是用于储物的茶几，那建议选择较为传统的带有抽屉、置物隔板的多功能茶几，这样才能在装饰客厅的时候，提供足够的收纳空间。

在造型方面，茶几有圆形、方形、不规则等造型选择，而茶几的造型和其他家具的合理搭配方能体现空间层次感。

以长茶几为例，小型尺寸一般为长 60~75cm、宽 45~60cm 较好，长度尽量不要超过沙发。建议茶几与沙发之间间隔 40cm 左右，茶几与电视柜距离 1m 左右，这样才能在做好收纳的情况下保证合理的活动区域。

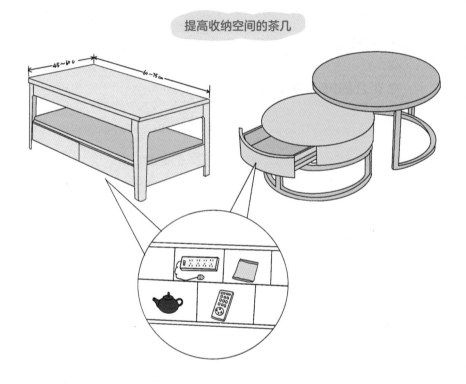

提高收纳空间的茶几

茶几主要放置物品包括茶杯（茶具）、纸巾、零食、遥控器、常用充电器、电插板等日用品，这些物品虽然少但容易杂乱，所以收纳常用茶杯（茶具）、纸巾可以有序美观地摆放在茶几上，零食则可以利用零食收纳盒收纳。

🍀 沙发的选择与收纳

在传统客厅中，沙发是最大的家具。沙发的占地面积较大，所以其周边要尽可能简化，着重考虑自带收纳空间的沙发。

沙发从材质上可以分为实木沙发、真皮沙发、布艺沙发、藤木沙发等。从收纳角度考虑，真皮沙发和布艺沙发是首选。

沙发的款式较多，针对收纳储物及小户型而言，L 形沙发更加友好实用。空间充足的家庭，可以考虑"沙发 + 单人沙发 + 方凳""沙发混搭模式"，更能体现空间层次感！

近年来沙发床较为走红，针对小户型家庭，沙发床也是一种不错的选择。虽然牺牲了收纳空间，但是可以满足偶尔待客住宿需要。

巧用沙发周边，收纳美观不占地！

一般在沙发下有 2~3 个大型抽屉，可以用来储物。同时，我们借助沙发两侧、背后进行收纳，可以节省空间，小物件也可以有序摆放。

沙发扶手桌非常便利，性价比也较高，可以随手放水杯、手机和遥控器等。单独的沙发收纳套，放在沙发扶手两边，可以用来放置零散物品。

♣ 墙壁隔板收纳

除了在电视背景墙上收纳，也有很多人会选择在沙发墙及其他墙面上安装收纳柜。选取合适的隔板，在墙壁上打造一个收纳空间，书籍、相框、工艺品……一层一层地分类摆放好。悠闲的午后坐在沙发上，想要的东西触手可得，又方便放回。

墙壁收纳的好处是既节省空间，又增加收纳面积，还能很好地装饰客厅。利用隔板不规则地错落摆放，彰显设计风格，也能增加储物空间！

隔板装饰物需要采用藏八露二原则：20% 好看的物品露出来，放在不经常使用的高处；80% 的日用品藏起来，放在经常使用的柜子里。

客厅装饰物品展示不宜过多，将有代表性的、精美的物品展示即可。多余的装饰物则需"断舍离"，适当进行清理。

❀ 边角角柜的选择与收纳

客厅墙角是最容易遗忘的地方，如将墙角充分利用，就能实现很大的收纳功效。遇到不规则的客户格局，边角更需要合理利用。

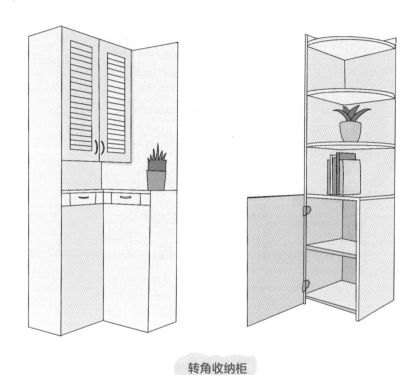

转角收纳柜

边角角柜一般较难在市场上购买到完全吻合的尺寸，这就需要你来 DIY 或者定制。

如要增加客厅的空间感，嵌入式角柜最为合适；如无法实现嵌入式，隔板也是很好的选择。切勿为了储物牺牲客厅空间，这样反而得不偿失。难以利用的客厅角落，可以用来摆放一些绿植进行补充，令客厅更有活力。

对客厅的家具收纳和其他物品的收纳有了一个基本的概念之后，再加上一些小技巧和工具来提高整体空间的利用率，可以保证客厅能够同时兼具美观性和实用性。

- ❖ 贴标签。客厅空间看起来大，但是物品多且分散杂乱，为了避免找不到，可以在收纳柜内部的一些物品上贴上标签。
- ❖ 增加柜内隔板。电视柜、茶几柜内部空间如果过于空旷，物品收纳不集中，可以增加柜内隔板、收纳盒集中收纳（如何增加隔板，请参照第 1 章的内容）。

收纳盒贴标签

❖ 根据人体工程学进行收纳。根据居住者的身高和生活习惯
来收纳物品（前文已详细描述过）。

❖ 收纳隔板。如果客厅现有的收纳空间已经告急，可以利用
墙面增加可调节高度的收纳隔板，以增加收纳。

❖ 洞洞板。被誉为空间中的收纳神器，可以利用沙发背景
墙做一面收纳墙来收纳小型绿植、展示照片，既实用又
美观。

洞洞板收纳更加美观

打破传统客厅功能，打造年轻一代的新型客厅

客厅蕴含着待客之道，也收录着家人交流互动的美好回忆。

随着家庭规模的越来越小以及生活习惯的演变，居家待客已经变得越来越少，客厅的功能已经发生改变，这样就会导致传统客厅的装修也将被逐步淘汰。

同样，客厅收纳也不要被"客厅就是接待客人"的思维所束缚。

让我们来看一个实际案例。一个四口之家，夫妻二人都是教师，家有两个可爱的孩子，大宝 10 岁，小宝 6 岁。

丈夫喜欢美式田园风格，妻子喜欢北欧的简约自然风格，并且在客厅要为孩子们腾出玩耍空间。

为了满足家庭成员各自的喜好，在家装设计中，夫妻俩摒弃了厚重的大沙发和茶几，更换成简约轻奢单人沙发椅；不采用"电视墙＋储物柜"的设计，而是选择一面墙体做"顶天立地"的大书柜，用于书籍存放、装饰品展示、储物等，其他墙面采用置物架，放置工艺品；再添置一幅油画作为点缀……

如此设计，不仅看上去简约时尚，也给孩子们留出了玩耍活动的空间。

随着年轻家庭成为三口、四口之家，和孩子互动玩耍、阅读交流、共同学习成为年轻家长们的共识，也深刻认识到"孟母三迁"典故中，环境对一个人成长的重要性。

由于小户型房屋的局限性，客厅与餐厅有机结合，使用收纳

方便的餐桌及椅子已成为主流，这样客厅的其他功能也会随之淡化，毕竟一顿具有仪式感的温馨晚餐、周末丰盛可口的大餐，才是现代年轻人最"治愈"的需求！

现代客厅根据家庭功能需求，可以设计、改造成多种版本，本书针对较具代表性的客厅收纳进行讲解。

♣ 轻奢简约，年轻人的喜好

- 摒弃了电视柜（墙）、沙发、茶几等传统客厅设计，采用简约风格；
- 电视墙换成"顶天立地"柜，收纳物品书籍，陈列展示收藏品；
- 沙发换成简约欧式沙发椅，茶几换成简约小圆桌，舒适惬意，沐浴午后阳光；
- 一架钢琴、一台跑步机、一个咖啡休闲区、一块欧式风格的地毯……让客厅更好地满足家庭功能需求。

这些都是年轻人所喜欢的，也让客厅变得更加多功能化。

上述客厅看似减少了储物的空间，但与本书所讲的收纳思维并不冲突，因为年轻人更具有"断舍离"精神，能设计出更多功

别具一格的客厅

能性的客厅来享受生活。同时，简约时尚的搭配，也可以抑制家
庭成员的冲动消费。购买物品前认真思考是否需要、如何放置，
也是收纳思维的一个特点。

❀ 餐厅客厅混搭，小户型也有仪式感

对于小户型家庭来说，拥有一个独立的餐厅，是一种奢望。但随着各式各样的易收纳餐桌、座椅的出现，小客厅也有了餐厅的一席之地。

利用折叠餐桌承担餐厅功能，并进行合理的布局，可以使客餐厅合理有序，紧凑而不乱，是因为折叠餐桌可以节省一半空间甚至是零占地空间，而且不论是厨房还是窗边，都可以利用折叠餐桌见缝插针式布置用餐区。

不同于在空间内摆上一整套桌椅的普通餐厅，利用折叠餐桌来打造餐厅让日常活动更方便。在不用餐的时候就将折叠餐桌收置起来，空间感十足。

我们日常使用的餐桌主要有以下几种。

1. 折叠餐桌 + 墙体。如果客厅有凸出墙体的话，就可以利用墙体来打造折叠餐桌会相当节省空间。需要的时候将餐桌放下来，当作正常餐桌使用；不用的时候完全折叠固定在墙边，不占用房间内宝贵的空间。

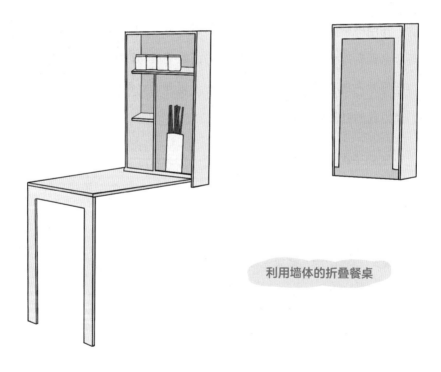

利用墙体的折叠餐桌

有些折叠餐桌收起来后还可以作为装饰墙用，最大限度地发挥出小餐桌的价值。

2. 折叠餐桌＋餐边柜。家里如果有餐边柜，再利用餐边柜延伸出个折叠餐桌，其实用性自然加倍。日常作为餐边柜使用，置物、茶水区（咖啡、茶水、饮料收纳区），吃饭时作为折叠餐桌使用。

折叠餐桌＋餐边柜

3. 独立折叠餐桌。独立折叠餐桌的灵活性更强，其不仅可以作为餐桌，还可以根据不同的需求以及折叠的不同程度，进行随意移动，随心切换功能。这种餐桌也是大多数家庭的首选（无须重新进行房屋装修设计或安装复杂的餐桌）。

全折叠就是个餐边柜，面积仅占原来的 1/3，可以轻松放置日常的小物件；半折叠就是一张小餐桌，也可以当作工作桌；全展开就是一张方方正正的餐桌，座位充足，非常实用。

各种样式的折叠餐桌

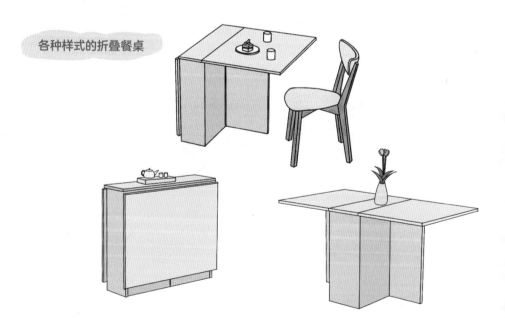

　　由于长期的工作压力，人们"报复性"的玩乐思维盛行，有些年轻人还会将自家的客厅打造成"私人影院""游戏室""酒吧"等。

　　各式各样的客厅风格也在人们不断的尝试中被"解锁"！我们的空间布局和功能属性在发生变化，但不变的是我们内心对于生活的热爱和美好未来的向往。

　　在一个舒适整洁的环境中，让自己的时间肆意"挥霍"，在家庭中回归"真我""本我"，一切美好的事情也会顺其自然地发生……

客餐厅收纳好物分享

❀ 板凳

　　只要脑洞开得大，到处都是收纳空间，比如我们常坐的板凳。对于小户型来说，板凳收纳也是一个不错的选择。凳子中暗藏着强大的收纳功能，把平时不常用到的东西放到里面，不仅可以节约空间，取用时也很方便。

❀茶几

下图的这款茶几平常就是一张普通的茶几，但当客人来访的时候，可以从茶几中抽出4把椅子。在不使用的时候，还可以摆在客厅的一角。

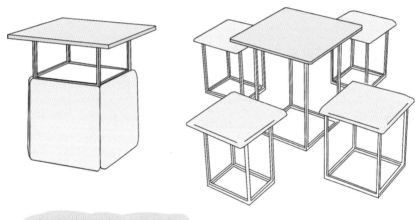

流行的茶几餐桌一体化设计

每个家庭的茶几各有不同，有的储物功能很强大，有各种抽屉来做分类存放。但近几年比较流行极简设计，除了桌腿和桌面以外没有其他配置，这样的茶几对于桌面管理要求极高。推荐大家入手时尚百搭的桌面收藏盒，可以把常用的遥控器及个人习惯用品摆放一起，分组收纳。

🍀 零食收纳移动推车

拆封还未吃完的零食堆满茶几、餐桌甚至卧室，不仅看起来难受，保存起来也很不方便。

这个时候我们就可以增加一个灵动的工具——移动推车。不管是客厅、书房，还是厨房都可以使用，场地不再受限。而且对于喜欢吃零食但又担心长胖的朋友特别友好，因为你可以通过移

零食收纳移动推车

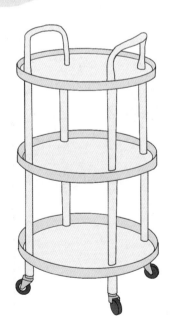

动推车来控制零食的数量。只有当移动推车空了才能补充，这样
也会避免零食过期、囤积的现象。

🌸 玩具收纳盒

对于有孩子的家庭来说，客厅很容易被一堆玩具占满，这个
时候我们可以使用玩具收纳盒，来进行集中收纳或竖立式收纳。
同时，还可以邀请孩子一起参与，给他心爱的玩具贴上标签，如
乐高、积木、毛绒玩具、小汽车……既能帮助孩子建立秩序感、
管理好自己的物品，又便于自己拿取和放回！

玩具收纳盒

🌸 地毯

什么东西能快速提高颜值？当然是地毯无疑了。一个好的地毯，搭配和放置的方法也是有讲究的。

选择地毯最简单的方法就是营造同色系和谐。灰色的地毯和墙面、沙发的颜色相近，看起来有一种简约、舒适美。在摆放的时候，我们可以把沙发的前脚放在地毯上。

★ 章末彩蛋

客厅收纳一直是一个大难题，既要有空间纵深感、美观实用，又要有传统的储物功能。在实际上门收纳整理过程中，我们也总结出了几个小技巧。

1. 根据客厅功能、面积进行区域划分；有限空间客厅承载功能不宜过多。

2. 不属于客厅的物品不要放在客厅。采用"藏八露二"原则，其中 80% 放在柜子里，20% 作为装饰物和常用物件放在容易找到的地方。

3. 家具选择要谨慎。每户家庭各有各的不同，如果你家的宾客很多，那么沙发、茶几必不可少。如果一年都来不了几次客人，下班回到家也不常在客厅活动，那就请把客厅区域规划给最常使用客厅的家人，如留给孩子学习、玩耍或改造成家庭影院等。如果喜欢运动，也可以专门留出运动健身区域。

4.标签标识，好拿好放，物归原处，再拿不愁，永不复乱。

精彩不断
我们继续往下看！

第 3 章

厨房整理收纳技巧

厨房可谓是家庭整理收纳的重灾区。

柴米油盐、锅碗瓢盆，厨房收纳的压力天天都爆表，无奈空间实在有限。如何做好厨房收纳是每一个家庭都很头疼的问题。

收纳不仅是为了维持表面的整洁，更是为了日常生活不用深陷于翻找物品当中。

好的收纳是让工具和方法来服务我们的生活，而非强制改变我们的习惯。收纳的终极目标是为了不再收纳。所以，厨房收纳

不是改变我们的生活习惯，而是让厨房使用起来更方便顺手。

在厨房工具使用及收纳过程中，我们常会遇到以下问题：

- 🐾 总是把碗盘摆得过高，取用时特别不方便；
- 🐾 厨房里的锅具和电器太多，大小不统一，很难安放；
- 🐾 调味品和食品堆得乱七八糟，不知道该塞在哪个角落，等再翻出来的时候已经过期了；
- 🐾 餐桌上经常是瓶瓶罐罐堆得到处都是，放不下几个菜就堆满了。

当你在有限的厨房空间里，做到最佳收纳效果，放眼望去都是干净整洁时，也会促使你产生走进厨房施展自己厨艺的欲望！

厨房收纳的基本原则

❀ 厨房断舍离

将已经出现裂纹的餐具、出现霉斑的筷子、过期的调味品、布满油渍的食品包装袋等物品全部清除，厨房就能够空出很多空间。

有些家庭对闲置的瓶瓶罐罐、铁皮盒等"情有独钟"，总是舍不得丢弃，如用来做收纳的器皿，不仅美观度大打折扣，卫生状况也十分堪忧。这类物品虽然囤了很多，但是真的会用到吗？好用吗？

家庭厨房餐具、家电，尽量精简。将实用、常用作为购买的前提，非必要不购买，非常用不购买！此刻你的脑海中是不是已经浮现了酸奶机、面包机、豆浆机、搅拌机、榨汁机，等等？买之前总是有各种理由说服自己，买完以后就闲置积灰。

我们首先要把厨房柜子里的各种物品、餐具、小家电等统统

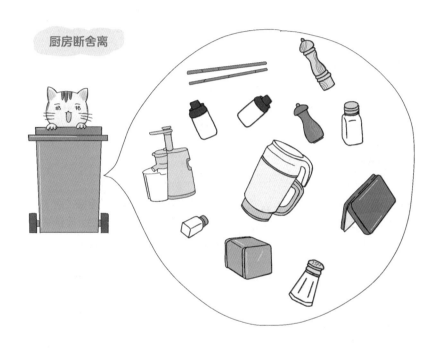

厨房断舍离

摆出来，把控总量。通过"断舍离"，最终留下必要的物品，以方便我们分类并收纳。

❀ 厨房物品分类

首先，我们要了解厨房常用的物品有哪些，并加以分类。

加工工具
常用：刀具、彩板、削皮刀
不常用：各类家电

食材
常用主食：米、面、豆类
其余干货：银耳、枸杞、紫菜、
木耳、红枣

锅具 / 餐具
常用：炒锅、炖锅、高压锅、家庭成员碗筷
不常用：奶锅、平底锅、客用碗筷

调味品
常用：油盐酱醋、干辣椒、花椒
不常用：陈皮、八角、桂皮、茴香

清洁用品
常用：洗洁精、洗手液、刷子、洗菜盆
不常用：厨房去污剂、除锈除霉剂

❀ 厨房空间规划

做好了断舍离和分类工作，接下来我们就要聊一聊如何设定收纳的位置。

无论是厨房的壁橱还是收纳柜，都可以按照使用频率分为高频、中频、低频三个区域，然后再按照用途细致划分功能区域。

高频率的使用物品区域中，放入定量的日常使用物品，例如：

比家庭固定成员多出来 1~2 套餐具；

定量的常用调味物品；

常用炊具。

中频率的使用物品区域中，放入日常使用物品的"替换量"（增量）物品，例如：

比家庭固定成员多出来 3~5 套餐具；

大包装调味料、粮食、清洁用品；

偶尔使用的炊具或电器，如打蛋器、面板、蒜臼、煎锅等。

低频率的使用物品区域中，放入不经常使用的物品，例如：

❖ 酸奶机、空气炸锅、面包机等厨房小家电（视家庭使用习惯而定）；

❖ 大量的、只有在家庭聚会时才会使用到的餐具、炊具、烘培用品。

厨房的操作区按照行动路线可分为洗涤、料理、烹饪三个区域。不同的功能区内常用物品也会有所不同，比如洗涤区域更适合放清洁工具，烹饪区的地柜更适合放锅具。

厨房功能规划

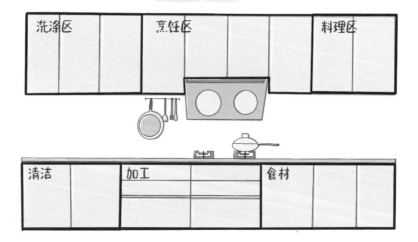

　　大家可以根据厨房实际需要收纳的物品，按照上述原理来确定其对应的收纳区域。

　　具体到厨房物品入柜收纳，我们给出两条黄金法则！

　　第一条黄金收纳法则是脚重头轻更安全，常用物品放手边。

　　越重的物品越要放置在厨房储物柜的底部，拿取更省力；越轻的物品越要放置在储物柜的高处，拿取更安全。高频次使用的物品要放在离手更近的腰部，不弯腰、不踮脚就能拿到（这条法则在衣柜等其他柜体收纳方式中同样适用）。

脚重头轻更安全，常用物品放手边

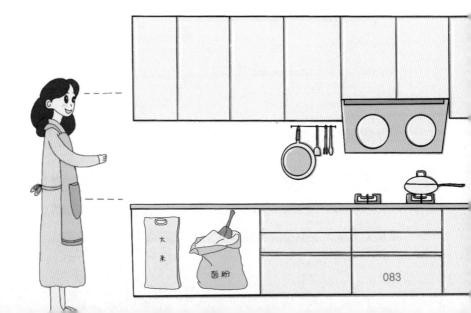

第二条黄金收纳法则是用途一致的物品就近收纳。比如切菜的菜板、削皮刀等放在距离水槽较近的位置，方便洗切。

用途一致的物品就近收纳

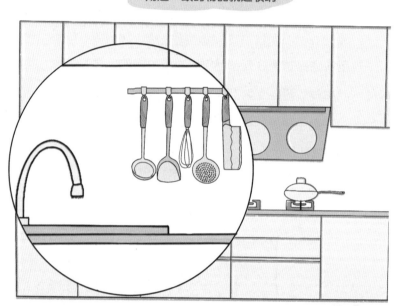

❀ 厨房收纳工具的选用

要遵循"藏八露二"的基本收纳法则，把锅碗瓢盆、餐具刀叉等大件和小件物品都做好规整收纳，只把油盐等调料和烹饪炊具悬挂出来，厨房空间会变得更整洁。

"藏八露二" 法则

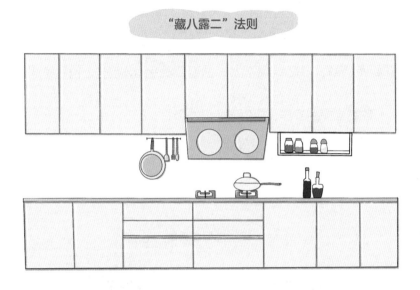

同类用途物品收纳。同一类物品放到一起，例如新的垃圾袋、一次性手套、抹布等清洁用品放在一个区域，而调味料、粮食等食材放在同一个区域。

同一色系物品收纳。同一色系物品放在一起，这样从视线范围上，也让空间变得更加整洁有规划。明明也没少买收纳工具，但是厨房一眼望去还是很凌乱，这是因为五颜六色的收纳工具会让视觉空间过于杂乱！

厨房用品各式各样，也是不好收纳的原因之一。

　　厨房物品多为保质期较短的食物、调味品，相比收纳袋，型号不同的收纳盒颜色透明，容易分辨，不易倾倒，防潮防虫，更适用储存食物，并且能够叠放，从而节省空间，视觉上也更整洁。

　　收纳盒多种多样，我们该如何选择？

　　1. 能选透明的，就不要选花花绿绿、有着各种图案的收纳盒。

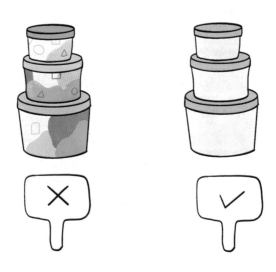

选择透明收纳盒

2. 能选方形盒子，就不要选圆形盒子，因为方形盒子更节省空间。

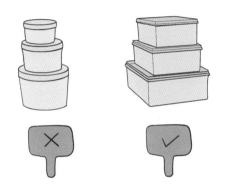

方形盒子更节省空间

3. 储存干货类的食材，能选半开口的，就不选全开口的，因为拿取更加方便。

半开口储物更具优势

我们的厨房中除了调味品以外，还有各式各样、不同尺寸、不同用途的锅，如炒锅、炖锅、不粘锅、平底锅、奶锅，等等，也是厨房收纳的一大难题。

那在收纳锅具时，该注意些什么呢？

不常用的以及家里老人实在不舍得丢弃的锅具可以放在吊柜或者拐角不方便拿取的位置。而每天常用的锅具可以放在灶台上。中等频率使用的锅具有三种收纳方法。

1. 放到水槽下方的柜子里。水槽下方有很多奇形怪状的管线，很多家庭都不知道该如何有效利用，空间浪费很严重。我们可以利用下面的可调节隔板置物架，有效增加锅具的收纳空间。

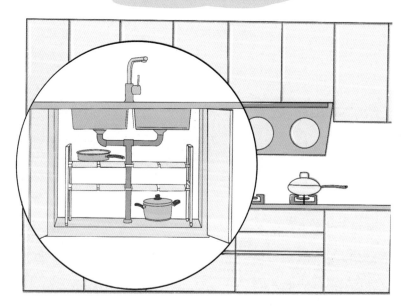

水槽下方增加可调节置物架

2. 安装厨房下水槽抽拉置物架。抽拉式的设计一点不费力，好拿好放。拒绝东翻西找，减少低头弯腰的烦恼。物品太多一个不够，就两个叠加，竖向利用空间，收纳更多物品。

3. 如果你的厨房柜体很深，可以在网上购买成品收纳工具。将锅具竖立式收纳，方便拿取，宽度可根据需要自由调节。

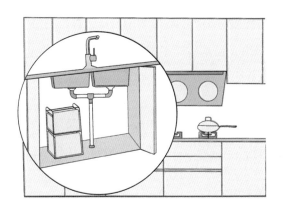

水槽抽拉置物架

锅具竖立式收纳

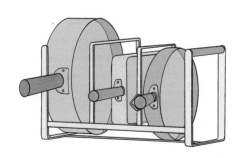

厨房收纳的注意事项

台面空无一物，美观且视觉效果好。然而，对家庭厨师来说，却并不友好，因为无法第一时间快速拿取所需的调味品，或者菜已烧熟，还在寻找合适的盘子。这样不仅没有让厨房更方便，反而使用起来手忙脚乱！

我们在网络上经常看到日本主妇的厨房收纳方法，有趣的是，大部分方法对细节要求极高，且都偏向于繁琐。对于快节奏生活的年轻人，一次下厨还不如叫一次外卖来得便捷实惠！

所以，我们不应该追求台面空无一物的极致效果，而是根据实际需求，运用"收纳思维"，打造成一个实用、美观、极具"烟火气"的家庭厨房！

至于本书所提到的"藏八露二"的基本收纳法则，在厨房主要体现为常用物品上墙、不常用物品入柜！

很多家庭在厨房装修时依然沿用老的标准高度尺寸，台面、顶柜高度，并未从家庭成员身高方面进行考量，会造成过高、过矮等情况，使用起来极其不方便。

由于家庭成员身高不同，厨房台面高度需要根据户主的实际身高去设计。最优台面高度为身高（cm）/2+0.5cm；顶柜高度一般为 155~160cm，并且避免碰头，外径要比台面外径减少 25cm；吊柜顶部最高为 225cm，超过这个高度，徒手很难拿到物品。

橱柜、吊柜

🍀 吊柜收纳

厨房吊柜大部分都是隔板收纳的方式，而隔板式收纳最大的问题就是利用率不高，而且也不方便日常物品的拿取和整理。如下图所示，如果要拿下面的锅 A，就要先移开面前的 B、C 玻璃杯。

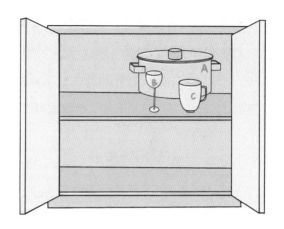

那么，该如何解决这一问题？我们有三点建议。

1. 增加隔板（搜索"可伸缩厨房置物架"）。

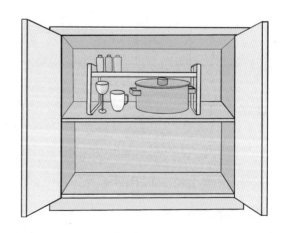

隔板

2. 购买分层架（搜索"厨房隔板分层架"）。

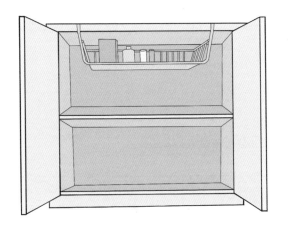

分层架

3. 碗碟同类归类，也可以整拿整取（搜索"碗碟收纳架"）。

碗碟收纳架

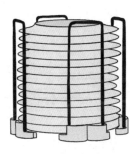

吊柜合理收纳，须牢记四个字"整拿整取"。

将物品按照属性或使用场景进行分类，装进收纳盒里，贴上标签，要用的时候直接拿收纳箱即可，这样就避免了繁琐拿取和收纳不充分的问题。

分类整理贴上标签

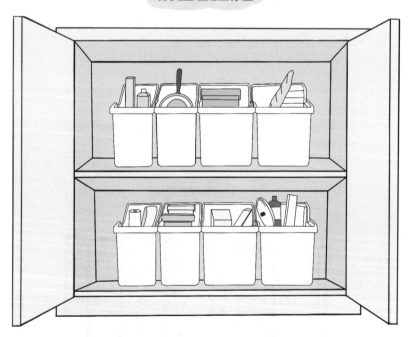

在收纳盒的选择上，尽量选择盒长与橱柜的进深相等，这样就可以最大化地利用好隔板空间。根据第一条黄金收纳法则，越往上的物品越轻，所以大家也不必担心收纳箱承重问题。

❀ 台面收纳

台面的收纳方式较多，最常见的有悬挂式、磁吸式。但这样的收纳方式只适合清洗频次高的物品，比如锅铲、刀具，而清洗频次不高，甚至可能不用清洗的物品是不适合收纳在台面上的。

原则上烹饪区的台面不建议任何形式的收纳，靠近火源比较危险，油烟大，后期不易清洁。对于调味品的收纳，另作说明。

厨房内不可避免地会有一些零散的小工具需要放置，为了保持台面物品较少，且方便寻找，我们通常会用挂架来解决这个问题。

很多小厨房没有充足的空间添置柜子，这时候在墙上增加厨房挂杆，将刀、铲子、锅盖等挂起来，可以充分利用空间。

选择厨房挂件时需注意承重，建议选用钻孔式挂架。安全起见，**避免选择免打孔的挂架**，以防止物品突然掉落。

❀ 地柜收纳

地柜的隔板收纳可以参考前面讲到的吊柜的收纳法，利用收纳工具做整体收纳。利用置物架、伸缩杆对隔板区进行分区，空间布局会立马变得清晰，收纳空间也变得更立体。

❀ 厨房物品摆放路线规则

厨房收纳要按照家庭成员烹饪习惯及家庭成员饮食习惯进行物品摆放规划。饮食习惯不同的家庭，对物品的存放数量以及厨房家电的使用频次不同，均有不同的收纳方法。

行动路线的设计是整个厨房设计最重要的一个环节。

好用的厨房，动线一定要合理设计。厨房动线无非就是"取—洗—备—炒"，根据这个流程来有效规划行动路线，可以提高下厨的效率以及烹饪的流畅性。

流畅的动线则构成了厨房的三角关系。厨房的三角关系是指灶台、水槽、冰箱三者所构成的一个三角形，每个点之间的理想距离为 90cm。

不同的厨房空间格局仍可以经过妥善的规划来达到"金三角"

的效果，目的就是让厨房工作更顺畅、更有效率。

拿我们家庭最常见的户型举例。

L 形厨房"金三角"构成。沿墙壁相邻的两边，呈 L 形布置设备。一般情况下，L 形橱柜的设计，会将操作台与灶台尽可能的分两边摆放。适合狭长型，长宽比例大的厨房。

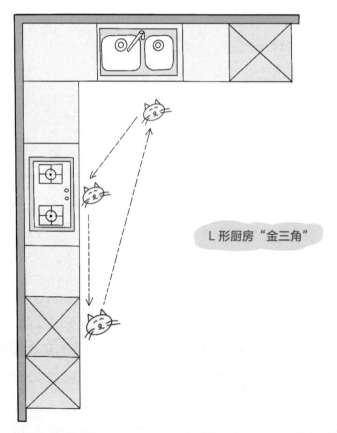

L 形厨房"金三角"

U 形厨房"金三角"构成。将水槽、工作台、炉灶、冰箱沿着墙排成 U 形，清洗中心的水槽置于 U 形的底部，将储藏区和烹饪区分别置于 U 形的两侧，存储空间强大。适合空间正、三面实墙的厨房。

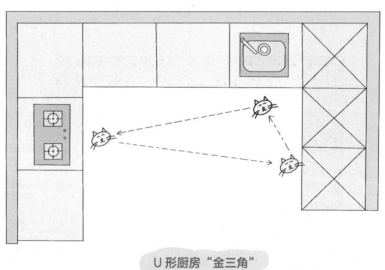

U 形厨房"金三角"

🍀 各类厨房小家电的收纳

说到小家电，请遵循家庭成员实际饮食习惯购买厨房电器，不要被网络"种草"而冲动消费。厨房电器不仅是简单地放入厨房储物柜中，而是要根据收纳的基本原则进行归类整理。

用隔板将橱柜内分隔出不同的区域，比如，将常用的碗碟等餐具整齐地排列，方便拿取又一目了然；或者利用搁架将厨具叠放，扩大收纳位，看上去既整洁又舒适。

很多人都说，因为厨房小，家电买回家一年难得用几次，纯属鸡肋！但究其原因，是小家电不常用而放在不好拿的位置，还是因为它们被放在了不好拿的位置所以才不常用？

它们不是被塞在高处或角落里，就是被放置在了柜子最深处。就算某天突然打算使用，一想到拿出来很麻烦，放回去很麻烦，清洁也很麻烦，就果断放弃使用的念头了！

如果厨房小家电好拿、好放、好打理，使用频率则会变高，自然就不再是"鸡肋"一般地存在了。

那么我们该如何做呢？

可以在网上购买两个滑轨，再定制一块木板（搜索"移动滑轨""木板定制"，报给厂家柜子的尺寸）。改造后的效果就是轻轻一拉，柜子里的所有小家电都能全部展现在你面前，再也不用一个一个往外取出了。

如果你的厨房空间很大，能够打造一个专门的电器收纳空间，就可以把它们集中安置在一个多层的餐边柜或者置物架上。

小家电收纳

如果厨房空间有限，可以按照以下方法来收纳。

对于常见的厨房小家电的收纳，一般根据使用频率分为高频、中频、低频。

使用率	常见家电	注意事项
高频	电饭煲、热水壶、微波炉、豆浆机	每天都能用到，尽量放在无须弯腰、伸手就能够到、有电源且能固定的位置
中频	打蛋器、电饼铛、榨汁机	对于一周或一个月使用过一两次的电饼铛、榨汁机等，可以直接放在橱柜的上端，下次使用的时候再取出。收纳到橱柜方便拿取的地方
低频	酸奶机、电烤盘、烤箱	这几种一个月甚至几个月才用一次的小家电，可以直接把它们放在离厨房操作区较远的储物空间内。不限于放置在阳台等其他可以储物的地方

按需购买小家电，切勿冲动消费！

随着购物越来越方便，我们在购物的时候，一定要注意理性消费。买之前要问一下自己：买它做什么？能用几次？真的需要吗？家里面有没有可以替代的电器？

其实对于很多小户型用户们来说，购买家用小电器时，可以先根据自己的实际需求列好清单，之后再选择功能比较齐全的电器。这样既可以满足生活的需求，也能减少电器占用房间的空间。例如：

❖ 多功能电压力锅：煮饭、炖汤一锅搞定！

❖ 破壁榨汁一体机：满足不同家庭成员需求，无需重复购买！

冰箱整理收纳技巧

在我们的日常生活中，冰箱的使用率是极高的，很多人都会将买来的水果蔬菜一股脑地塞进冰箱里面，使得小小的冰箱凌乱不堪，毫无章法。每次要拿自己所需要的食材时，都不知道从何下手。

我们要做的就是，通过有效收纳，保证食物的新鲜，使冰箱空间利用率最大化！

　　当我们对冰箱进行收纳的时候，先将冰箱清空，把冰箱内的食品饮料等先取出来放置一旁，然后对内部进行清洁，隔板和抽屉也需要取出来进行清洗。

　　同时把取出来的食物进行取舍，将过期的、冷冻太久的或者已经不想吃的食物都进行"断舍离"。

　　冰箱内部按不同的结构、功能和属性可分成不同的区域。

标准	分类
结构	上层、下层、抽屉、冰箱门
功能	肉类区、海鲜区、雪糕区、冷饮区、蔬果区、鸡蛋区、调味品区等
属性	冷藏区、冷冻区、门架处

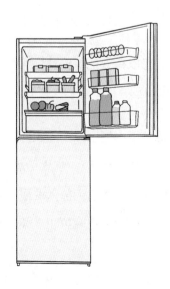

冰箱内部不同位置的制冷效果也不一样。通常内壁比中间温度低、里侧比外侧温度低，而冰箱门温度最高，这也是频繁开关冰箱门所带来的温度变化。所以，不同食物的最佳储存位置也要相应做出调整。

❀ 冷藏区

上层：由于温度较低，不适合容易被冻伤的蔬果，而是应该存放容易变质的酱料瓶，或者矮瓶装的饮料。还可放入能直接吃的食物，比如甜品、奶制品等。熟食和剩菜剩饭也应该放在上层空间。快过期的食材应该放在最明显的中心位置，提醒自己尽快食用。

这里要注意"上熟下生"的原则，防止生食的血水滴入熟食，也避免熟食的余温向上蒸腾，加速其他生鲜的腐败。

中层：这一层可以有效地保护食物的鲜活度，像刚买的肉类和鸡蛋可以放在这一层，保证食物的新鲜。

下层抽屉：冷藏柜占据了冰箱的大部分面积，也是储物最容易显杂乱的"果蔬饮料密集区"。水果和蔬菜的水分会比较充分，为了不让它们很快流失，将它们放入抽屉内再合适不过了。如果有两格抽屉的话，最好还是把蔬菜和水果分开放置，不然放一起太久容易变质。

❀ 冷冻区

上层：冰淇淋、雪糕都可以放在这一层，方便拿取。

中层：如汤圆、饺子、小馒头此类速冻食品可以放在这一层。

下层：需要密封保存的鱼类、肉类放在这一层，防止串腥味，也不会因为和其他食品有接触而滋生病菌。

 草莓老师温馨建议

肉类切块冷冻存放，可延长食物的保质期。

肉类买回家，先估算家里人每顿会用到的量，再分装密封袋或者保鲜袋后，水平放置在冷冻柜内，等冻实了以后再进行垂直收纳。这样每餐直接拿出一份解冻就可以了，避免重复解冻，滋生细菌。

保鲜袋上一定要注明食材的种类（鸡肉、牛肉、羊肉）和保质期限（可以用记号笔写上分装的日期），否则这些冻起来的食物时间一长，就忘记是什么时候开始冻的了。

❀ 门架处

冰箱使用时会经常开关门，所以门架处是温度最不稳定的地方，可以放不怕温度变化的调味料、酱料、饮料等。

如何最大化增加冰箱的收纳空间？

让冰箱看起来比较清爽的收纳原则就是**八分收纳法**，即冰箱合理的规划收纳，保持 80％的存储量是最合适的。八分满的冰箱能让冷气循环保持畅通，达到更好地保鲜效果。

为达到更好的收纳效果，我们可以利用收纳工具进行收纳。

牛皮纸袋。牛皮纸袋不仅低碳环保，而且还防水防油。在储藏果蔬的时候有透气的效果，从而保持果蔬的水分。

保鲜盒 / 透明收纳盒。透明的收纳盒方便一目了然看清食材，对空间有限的小冰箱来说，叠放还能增加空间利用率。

保鲜盒具有很好的密封性，用来储存食物不仅可以保鲜，而且能够减少与其他食材的接触，避免食物串味、变质。

密封袋 / 保鲜袋。用密封袋将切好的蔬菜、肉类包装起来，然后再标上日期，一目了然。这比起收纳盒会更加节省空间。

收纳盒、保鲜袋

　　磁吸置物架。冰箱侧面也有很大的收纳的空间。用磁吸置物架可以放置保鲜膜、厨房用纸等。

　　滚筒式设计。两层收纳罐装饮料，上下层可以滚动切换，拿取非常方便。两侧手提设计，方便整体挪动。

　　万能小推车。场地不受限制，拿取也方便。

　　燕尾夹 +S 钩。可以将管状酱料挂在门上。

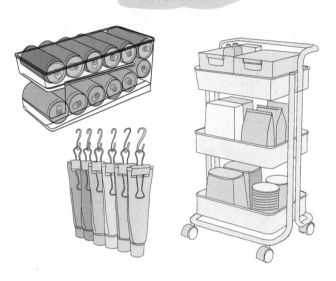

各种收纳小物品

这里有一点要注意的是，有些东西不能往冰箱里放。

很多家庭习惯把所有的食物都往冰箱里塞，不仅占空间，有的放进去反而会影响食物口感，进而缩短食物保质期。

比如冰箱中湿度很大，需要保持常温和干燥的食物，就不能往冰箱放：

- 土豆、紫薯、红薯、西红柿、洋葱等根茎类的蔬菜，放进冰箱很容易变软发霉，加速腐烂。

❖ 海带、虾皮、紫菜一类的干货和坚果，常温密封保存可以
    减少氧化，避免酸败。

❖ 菠萝、香蕉、芒果、牛油果等热带水果，放进冰箱会影响
    果实的熟化程度，容易冻坏。

可见，冰箱虽好，但并不是什么物品都可以放进去啊！

不能放冰箱的食物

草莓老师温馨建议

1.不要把蔬菜和苹果、香蕉、柿子放在一起，这些水果释放的乙烯会加速蔬菜变蔫。

2.菜市场买完菜，不能直接放进冰箱。因为塑料袋透气性差，蔬菜湿度增加，容易滋生病菌，导致霉变。

3.未经处理的鸡蛋，外壳可能带有细菌，长期保鲜最好单独储存。鸡蛋本身有包装盒，直接放冰箱就好；如果是散装鸡蛋，可以放到收纳盒里。

4.密封的保鲜袋，封口时尽量挤掉袋内的空气，延长保质期。

5.生活节奏较快的家庭，可以根据做菜习惯，把常用调味类食材（葱、姜、蒜）按照一个月的量，洗净削皮再切好，控干水分后使用组合式葱姜蒜冷冻盒分装冷冻。节省空间还保鲜！

6.网络上很多"网红"冰箱收纳神器，建议谨慎购买，占空间还不实用。

厨房收纳好物分享

瓶瓶罐罐可以说是厨房最大的收纳痛点，其收纳方式也以橱柜内、台面、墙壁收纳为主。

柜内收纳整洁，不存在油污问题，但拿取不方便，一不小心就会打翻，之后会更加难以清理。而壁挂收纳，拿取方便，但油污问题严重，基本上每周都得把展示在外的东西全部擦洗一遍，这样就在无形中增加了清洁工作量。虽然，壁挂在外的油污问题是无法解决的，只能通过定期擦洗，而柜内相对好处理一些，也是有条件的厨房推荐的收纳方式。针对柜内不好拿取的问题，搭配上平板拉篮或者旋转收纳盘即可提升便利度。

❀ 平板拉篮

被很多人吐槽的是有固定孔位，买的调味品必须得适配才能放进去，因此商家进行了升级改进，不做固定孔位，只有上下分层，无须严格卡位，使用起来也更加便捷。

平板拉篮

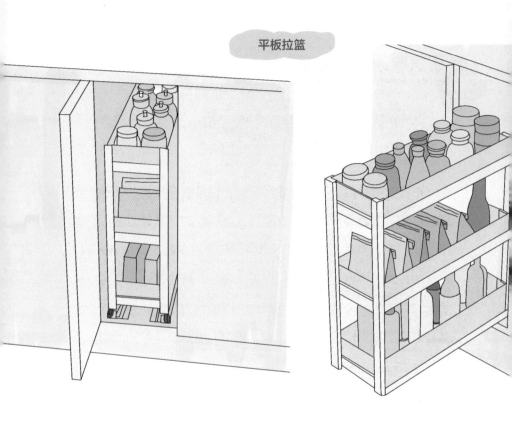

平板拉篮因为和柜体融为一体，便于收纳使用。

虽然把物品收纳到了柜体里面，表面上看似清爽整洁，但是如果你经常开火做饭，还是不建议用此款拉篮，因为你不可能每拿一样调味品都要抽拉一次。

无论厨房橱柜设计的多科学，装修后还是有必要根据厨房物品做更精细的收纳。对于已经完成装修的家庭，储物空间不足，也是一个现实问题。

又不想把调味品放在台面上，又想做菜拿取方便，该怎么办呢?

❀ 旋转收纳盘

相对平板拉篮的优势是，便宜、灵活，不需要专门设计，随时想用就能买来用，没有那么多制约条件。

旋转收纳盘可以放在顶柜、橱柜，根据自身身高灵活放置。360°旋转取用，避免打翻其他瓶子。

旋转收纳盘

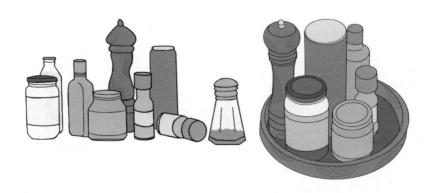

在做菜的时候将收纳盘再拿到台面上，既保持台面整洁，也免去了调味品外包装沾满油污的烦恼。

❀ 橱柜门后挂篮

在柜门内侧放东西，可以说是最简单实用的小物件收纳法了。也可以购买挂靠柜板收纳篮，挂在柜门内外都可以（搜索"橱柜门后挂篮"）。需要注意的是购买前务必先测量门板的厚度，免得厚度不合适还得退换货，浪费时间和运费。

橱柜门后挂篮

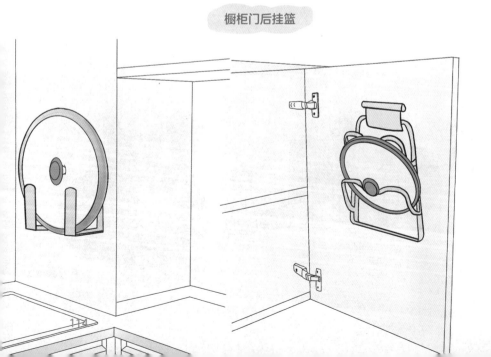

❀ 子母抽屉

　　子母抽屉是日本现在比较流行的厨房装修设计。这种设计是一种不经常用，但用起来很方便的工具。子母抽屉通常安装在炉灶下方的橱柜里。

子母抽屉

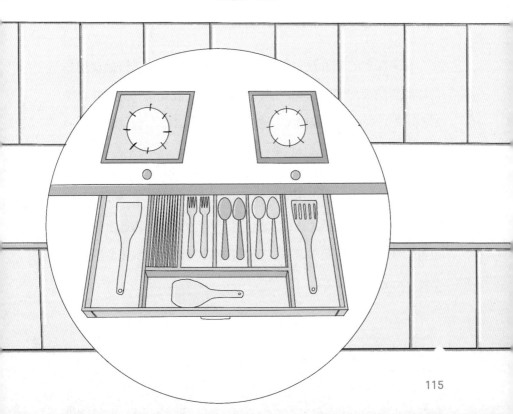

这里要注意的是：谨防过度收纳，类似"强迫症"的存在，如专门放筷子、放叉子、放勺子的收纳空间。不仅利用率差，还会给家庭成员造成不必要的麻烦和困扰。所以我们只需做好大范围的收纳即可。做好收纳是为了方便自己的生活，而不是又增加一个收纳负担。

🌸 砧板、锅盖收纳架

锅盖和砧板可以说是厨房占地儿的"大件"了，特别是木质砧板，用完后藏在柜子里怕潮，立在台面影响美观。

越来越多的家庭开始重视食品烹饪的安全卫生，开始使用多功能消毒砧板。按照肉类产品、鱼类产品、蔬菜类产品、熟食类产品，专刀专板。热风烘干，紫外线除菌，可以起到抗菌防霉的作用。

为方便起见可以选用砧板收纳架，砧板、锅盖收纳架可以放置厨房台面角落墙壁上（优先推荐）或者台面上、靠近水槽边的位置。洗完后方便沥水风干。现在很多产品都有接水篮，不用担心沥水问题。

砧板、锅盖收纳架

草莓老师温馨建议

　　1. 垃圾桶千万不要内置，容易滋生细菌和蟑螂。

　　2. 在购买储物盒时候需要注意三点：方形的盒子比圆盒更充分利用空间；成套购买大小高低组合配好的盒子；透明盒子更利于看到里面的物品。

　　3. 隐藏式米桶无法清洗，长此以往会造成细菌和米虫滋生，建议买米箱更为方便；

　　4. 尽量不要使用翻式吊柜，高度过高，开关也不方便。

中国人讲究"民以食为天"，更追求"舌尖上的诱惑"！无论是忙碌在厨房的亲人，还是坐在桌边欢笑的孩子，这一刻，都是人间烟火气。我也希望干净整洁的厨房收纳能给每户家庭带去愉悦，享受美食的温馨惬意！

⭐ **章末彩蛋** ⭐

冰箱除臭方法

橘子皮：取新鲜橘子皮250克，洗净揩干，分散放入冰箱。三日后，打开冰箱，清香扑鼻，异味全无。

食醋：将醋倒入敞口玻璃瓶中，置入冰箱内，除臭效果极佳。

小苏打：取小苏打装在广口玻璃瓶内，放置在冰箱内，能除异味。

活性炭：把适量活性炭碾碎，装在小布袋中，除味效果甚佳。

面包：把面包装在盒内，放入冰箱，其作用与除臭剂完全相同。

　　咖啡渣：将煮完的咖啡残渣平铺在一个盘子中，放入冰箱，然后等数日过后，异味就会消除。因为咖啡残渣具有很强的吸附能力。

第4章

卫生间整理收纳技巧

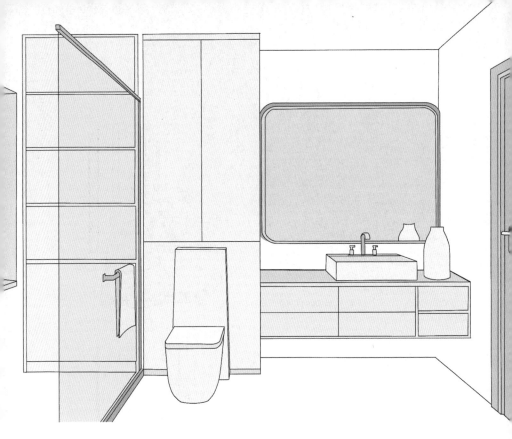

　　随着我国家庭生活水平越来越高，卫生间的功能也越来越齐全，从最初的厕所、洗漱，逐步发展到洗漱、厕所、洗澡、洗衣、化妆等多功能集合，并且随着功能的不断增加，卫生间所放置的物品也越来越多。

干净的卫生间，是精致生活的基本所在。

你家的卫生间有这些困扰吗?

❖ 每次洗完澡，整个卫生间都湿漉漉的。

❖ 抹布、拖把、扫把、水桶、拖鞋等物品没有固定地方放置，只能堆在卫生间的角落。

❖ 洗衣液、洗发水、清洁剂、沐浴露、香皂等堆在地上或者窗
　 台上。一瓶还没用完，又拿出一瓶新的，各类品牌鳞次栉比。

❖ 洗漱台上到处是水渍，摆满了牙膏、肥皂、剃须刀、隐形
　 眼镜盒、化妆品、皮筋、发卡等。

❖ 毛巾、脏衣服都堆在洗衣机上，时不时还会掉在地上。

此刻正在翻阅本书的你，上面的问题你中了几条呢?

接下来让我们帮你一一解决如上问题。

卫生间的基本功能

卫生间必须要满足三个基本功能：洗漱、如厕、洗澡。

以我的卫生间使用频率为例。你也可以尝试把自己的使用频次填入表格右侧空栏中。

我们可以看出，在卫生间的行为活动中多数和洗漱台相关。比如洗手、洗脸、化妆、刷牙、洗衣服、照镜子，而且使用频次

序号	动作		使用频次（天/人）	你的使用频次（天/人）
1		洗手	3	
2		洗脸	2	
3		洗澡	1	
4		刷牙	2	
5		化妆	1	
6		如厕	2~3	
7		照镜子	2~3	
8		洗衣服	1~2	

达到了 8~14 次 / 天。这也是为什么洗漱台上到处是水渍和其他化妆类物品。所以卫生间整理收纳的核心是要先做好收纳设计。

要做好收纳设计，就需要把握好家中常规的物品位置。

按照功能划分，卫生间可以分成如下三块区域：

- 洗漱区：放置化妆品、洗漱用品、清洁用品、杂物等。主要包括台面、镜柜、台盆柜和抽屉四个部位。
- 洗浴区：放置洗发水、护发素、沐浴露等正在用的洗浴用品。
- 洗衣机区 / 马桶区：放置卫生纸、湿巾、女士用品、马桶刷、垃圾桶、卫浴清洁用品、纸巾架等。

♣ 台面

所有的台面在整理规划时都遵循"藏八露二"原则，其中，露出来的"二"巧用托盘做收纳，来保证台面干净整洁。

在旅游度假时，大家有没有注意到酒店卫生间的台面会有 1~2 个托盘来放置漱口杯、牙刷、牙膏、梳子等。在这里，托盘就是一个收纳容器，让小物件能够以有边界的方式去摆放，这样大的区域就显得非常整洁了。同时也方便了台面的清洁打扫，只要挪开这个托盘就可以用抹布去除水渍。

还有一种方式就是采用悬空钉在墙上的置物隔板来放置这些物品，这样就做到了小范围的干湿分离，防止台面混乱。在打理积水台面的时候，用抹布一秒即可搞定。

❀ 镜柜

很多家庭的卫生间是没有镜柜的，但是，如果在面积狭小、储物空间本来就很小的情况下，还是建议大家安装一个镜柜或者吊柜，用来放置卫生间的日常用品和杂物。有效扩容储物空间的办法之一就是利用墙面空间，而镜柜是很好的收纳工具。

习惯在卫生间里化妆的人，每天洗完脸，就可以直接护肤化妆了，非常方便。

吹风机、发箍、梳子、棉签、化妆刷等都可以用小的收纳篮分类归置在一起。这样将零碎的物品再次分类放在镜柜里，分类明确、分区清晰，使用时一目了然，方便拿取。

如果有人说我是租的房子，不想添置镜柜，那就把刚才镜柜放置的物品放在墙面置物架的储物盒中。总之，善于利用卫生间墙面的空间，可以给卫生间增加很多储物面积，当然这种裸露在外的储物盒要合理归置，并且要讲究美学陈列方式。

❀ 台盆柜

台盆柜下方一般用来收纳一些清洁剂、洗衣粉。由于柜子进深一般都比较深，需要把它们分装在收纳篮内，再收放到台盆柜里面。物品很多的家庭还可以买双层置物架放在柜子下面，这样可以充分利用空间，多放置一些物品。

❀ 抽屉

如果你的台盆柜是带抽屉的，那抽屉就是放置卷纸、抽纸、方巾、卫生巾、女士护理用品、湿巾、面膜等物品的最好位置了。抽拉拿取都很方便。

❀ 洗衣机区及马桶区

如果你的家庭洗衣机是放在卫生间的，卫生间本来空间就很小，再加上台盆柜放不下洗衣液、消毒液、柔顺剂等这些洗衣用品时，该怎么办呢？这时又可以考虑墙面空间了，可以选择在洗衣机上增加一个置物架（根据滚筒或者上开的洗衣机来设计置物架高度）。置物架的功能就是把立面空间充分利用起来。横向面积不足，就找立面空间，这是空间管理扩容的主要方式之一。如果有独立的阳台可以放置洗衣机，那一定要把洗衣机的左右两边以及上方的位置充分利用好，尽量不浪费空间。

马桶区也是收纳的重点，但也是很多家庭容易忽视的地方，尤其是干湿不分离的卫生间。如果能巧妙地利用马桶区做收纳，将会大大节省空间面积，使得空间看起来井井有条、更加干净清爽。

卫生间物品归类

卫生间是囤货的重灾区，卫生纸、洗护用品、牙刷……更令人头疼的是，包装个个精美，但放在一起后，杂乱无章，容易产生视觉疲劳。

我们先把卫生间所有东西清理出来，再按物品的使用场景划分。

下面我们以一个三口之家作为例子。

三口之家使用物品数量

类型	物品名称	单位	数量	你的数量
化妆类	护肤品	套	1	
	彩妆	套	1~2	
	美妆工具（刷子、粉扑等）	个	9~12	
	化妆棉棉签	盒	2~3	
	美发用品	个	2~4	
	其他	个		
电器类	吹风机	个	1	
	刮胡刀	个	1	
	卷发器	个	1	
	剃毛器	个	1	
	电动牙刷	个	1	
毛巾类	毛巾	条	3~4	
	浴巾	条	3~6	
	擦手巾	条	1~2	
	抹布	条	1~2	

续前表

类型		物品名称	单位	数量	你的数量
纸类		卫生纸	包	4~10	
		卫生巾等女性用品	包	3~6	
		湿纸巾	包	2~4	
洗护类		洗发露	瓶	1~2	
		沐浴露	瓶	1~3	
		护发素	瓶	1	
		儿童专用	套	1	
		牙具 & 牙刷杯	套	3	
		牙膏	支	2~3	
		肥皂	块	1~2	
		剃须用品	套	1	

　　按如上表格可以将卫生间的物品分为五大类：化妆类、电器类、毛巾类、纸类、洗护类。如果你也想掌握自家的物品数量，可以根据自家的实际情况，填入上面表格空白栏中。

卫生间物品有序放置，形成最优行动路线

　　首先准备一张 A4 大小的白纸，试着画出自己以及家庭成员的日常行动路线。

■ 客餐厅
■ 卫生间
■ 寝室
■ 其他

上图中将家庭成员活动的内容和空间做了一些区分，如红色为在客餐厅的活动，蓝色为在卫生间等的活动。

早晨在卧室起床后，在卫生间洗脸（淋浴）、更衣，在餐厅用餐之后出门，等等。以上图标均省略了上厕所。可以看到，对于卫生间和洗面室来说，其最大的功能在于：如厕、洗脸、更衣、化妆和洗衣（如果洗衣机设置在卫生间的情况下）。

无论哪个区域的收纳整理，我们都要遵循"最优行动路线"。卫生间由于使用频次较多、使用人次较多，所以合理的行动路线更能节省空间及时间，方便家庭成员共同使用。

常用物品：能够根据平时使用的习惯分类摆放，并且和使用的空间距离越近，取用越便捷。这一点很好理解，比如洗面奶需要放在洗脸池附近，如果有多种洗面清洁产品，则尽量避免东一支西一支，统一摆放便于寻找。并且由于各种物品种类繁多，尺寸又不同，在收纳产品的选择上需要进行特别精细的考虑。

临时存放物品：因为需要快速地取放，所以需要离行动路线近，距离活动空间近、顺手，例如发圈、发箍、发夹等。

卫生间收纳空间需要包括家居用品＋必要的收纳空间＋临时存放换洗衣物的空间＋储备品的储存空间。

卫生间各类物品成列

卫生间收纳为何如此难？

第一，空间非常小。在有些国家的卫生间，浴室常常能够占到 7 ~ 8㎡，尚且觉得空间不够，而我国的户型中有时候不满 3㎡，本身就显得非常局促。

第二，需求散乱复杂。这个空间中需要使用的洗浴用品、洗面用品、洗衣粉、漂白剂已经占了很大的空间，再加上一些消耗品也会需要一些储备，相应的储备空间也是必要的。另外，常使用的毛巾、牙刷甚至脸盆等，都需要非常便捷且充足的收纳空间。需要收纳的物品范围之广、种类之杂，令人手忙脚乱难以梳理。在实际的设计中也有着同样甚至更加复杂的情况。

狭小的卫生间如何扩大收纳空间且有效利用呢？

立体集成收纳空间

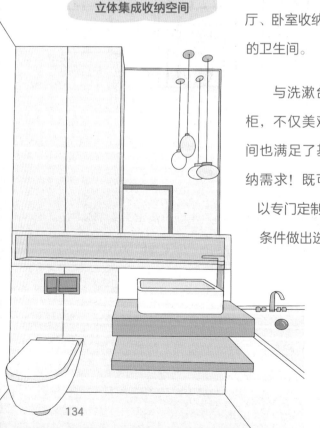

"立体集成"不仅仅适用于客厅、卧室收纳，也适用于空间狭小的卫生间。

与洗漱台搭配的一体式浴室柜，不仅美观实用，而且储物空间也满足了基本家庭的卫生间收纳需求！既可以购买成品，也可以专门定制，视个人需求和空间条件做出选择。

浴室柜的好处显而易见，因为它既不占空间，又能满足基本的收纳需求，让所有洗漱用品、毛巾和杂物都能隐藏于无形之中。

除此之外，大容量的镜面柜、嵌入式壁龛、简易隔板等，也能最大化地将立面空间利用起来，不但有效减轻了视觉负担，也令整个空间看起来更加干净利落。

卫生间根据实际面积空间，可以增加少量的隔板置物架，不但可以提升储物空间，也能提高卫生间的视觉层次感。

然而，很多家庭因隔板置物架过多，物品堆放在置物架上后，卫生间原本就狭小的空间，显得更加压抑。

马桶上方隔板置物架上放置少量装饰物品或香水（香薰），更加美观；淋浴房隔板置物架上放置沐浴所需用品，大小适中，不宜过大、过长。

对于很多依然保持传统"干湿分离"卫生间的家庭或者已经装修完毕，无法采用一体式浴室柜的家庭来说，依然可以运用卫生间的有限空间来打造更大的储物空间。

马桶上方置物架

❀ 壁龛设计

在非承重墙的墙壁上做壁龛设计，可以很好地利用墙壁空间，直接用来收纳卫生间的洗浴物品，非常方便实用。

卫生间设计壁龛非常常见。卫生间是比较潮湿的地方，铁制的收纳架或收纳板容易生锈，木制的又容易腐烂或者掉色，所以镶嵌在墙里面再用瓷砖贴面的壁龛最为实用。防水又防潮的壁龛一旦设计好了，使用几十年是没有问题的。

壁龛指的是墙面凹进去的小格子，这个小格子可以用来储物。只要你家的墙不是承重墙，就可以尝试把墙面挖空一小块，打造一个壁龛收纳的空间。

卫生间墙面上的壁龛的应用很多，可以设置在浴缸旁边，这样就可以把沐浴露、香薰、香皂等物品放在壁龛里面了。这样收纳非常节省空间，同时看起来也很美观。

卫生间淋浴房空间也可以设置壁龛用来放物品，这样就不用额外装一个置物架，看起来更加简洁。

壁龛还可以设置在马桶上方，非常节省空间，还能放较多物品。

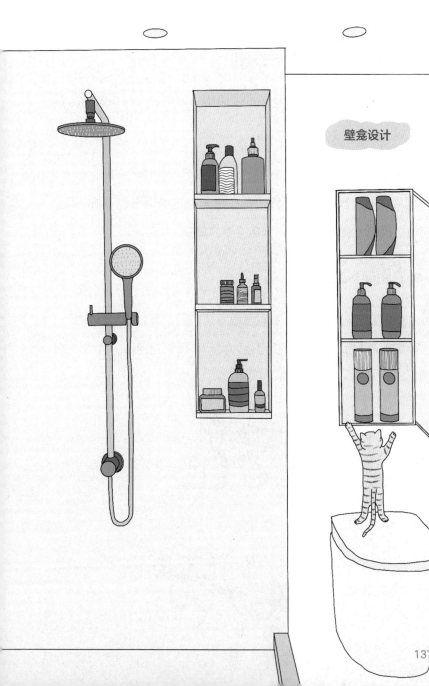

壁龛设计

❀ 台盆上方安装可收纳的镜柜

洗手盆上方选用有收纳功能的镜柜，而不是没有带收纳功能的挂镜。

洗漱用品或者化妆品等瓶瓶罐罐的东西直接堆放在洗手台上，看起来非常凌乱，影响美观，放在台盆下方的柜子也不好拿取，而放在镜柜上拿取更方便，而且又整齐美观。

❀ 卫生间多装几个挂钩

如果我们总是觉得卫生间没地方挂东西，那么就可以多装一些挂钩或者挂篮，尤其是挂钩最为实用，用来挂毛巾、换洗衣服等物品。

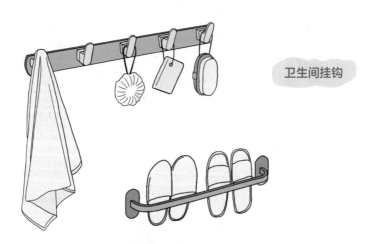

卫生间挂钩

此外，卫生间还有很多物品都是可以挂起来的，像拖把、扫把、马桶刷等，平时用完直接放在地上，不仅影响物品的使用寿命，而且很容易滋生细菌，影响居住环境的卫生。

卫生间的收纳技巧

视觉上，干净整洁；空间上，充分利用；颜值上，简约时尚！

视觉上：依然采用"藏八露二"的收纳法则，不仅显得美观，而且物品有序、分离放置更加卫生。

空间上：能进柜的进柜，能上墙的上墙，能加层的加层。卫生间是一个频繁使用的功能区，所以在收纳中，需要遵循以下原则：

- 左中右分区——就近收纳，缩短行动路线，简化流程；
- 上中下分区——收纳频率，不常用放高，常用放中，次常用放低；
- 单元格分区——分区放置，门板内隔板是标配，下方抽拉配件更方便。

颜值上：功能再多再好，也要有材质和外观方面的要求。整洁干净的同时，也要兼顾温馨和颜值。

性价比的顺序依次是：**空间要多、材质要好、颜值要高**。

我们来具体看一些常见区域的收纳方法。

❀ 台盆区域

洗面奶、洗手液、牙膏、牙刷、梳子、风筒、发蜡、小毛巾等跟这个区域相关的东西，以顺手、隐藏、有序为前提，以"藏起来、摆起来、挂起来"为口诀！然后放置在这个区域。

❀ 马桶区域

马桶区域相对简单，基本的马桶清洁工具如洁厕灵、马桶刷，以及卫生纸等放置在对应位置（建议挂在不用转身、伸手就能拿取的位置）。

马桶上方置物板或者置物架，切记不要放过多物品显得视觉凌乱。

❀ 淋浴区域

淋浴区域放置常用的沐浴液、洗发水等，外侧安装置物架，摆放毛巾等物品。

　　最优的行动路线要根据家庭成员的使用习惯进行设计。同时，要强调的一点是，三分离卫生间，是满足家庭成员同时使用而设计的，所以独立密闭性很重要！

　　不要选用钢化玻璃等透明材质作为隔断。同时要注意各个区域的通风透气。

淋浴区 / 马桶区

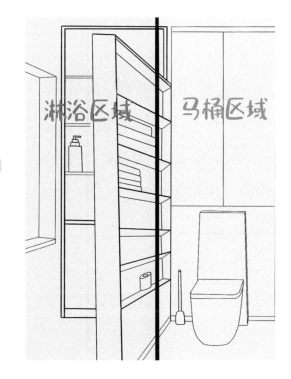

❀ 护肤品、化妆品的收纳

很多家庭也习惯将护肤品及化妆品收纳在卫生间里，但是要注意的是，卫生间的环境相对潮湿，这些物品需要放入抽屉内进行收纳。

护肤品等收纳

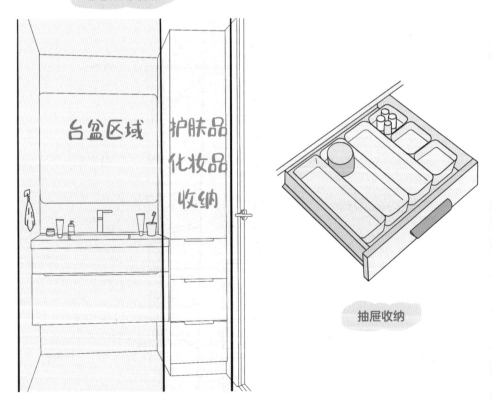

台盆区域

护肤品化妆品收纳

抽屉收纳

抽屉内利用抽屉分隔收纳盒，将物品进行分类收纳，增加物品的存储量，拿取也会更方便。

❀ 柜门空间的收纳

浴室柜、镜面柜柜门也是隐形的收纳空间。在柜门内侧粘贴迷你收纳盒，化妆品、牙刷随心放，不用打孔，不易粘灰，干净又卫生!

常用的护肤品、化妆品也可以放置在里面，扩大收纳空间，而且拿取、归位非常方便，也不容易养成随处乱放的坏习惯。

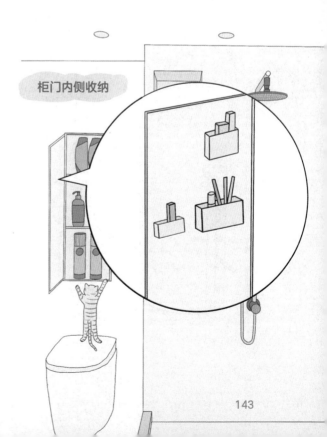

柜门内侧收纳

卫生间收纳好物分享

当然，并不是所有的物品都要藏起来，小部分使用频率高的物品摆放在外面方便我们拿取。只要合理规划，借助一些收纳好物，也能保证卫生间的干净清爽。

1. 镜面除雾刷。以前每天洗完澡就会发现浴室镜雾蒙蒙的，想贴个面膜，还要把镜面擦干净才行（搜索"镜面除雾刷"）。

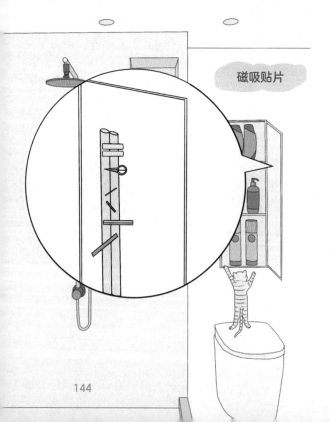

磁吸贴片

2. 磁吸贴片。贴在梳子的后面直接挂在浴室收纳柜的下面，随用随拿，还不用担心梳子随便散在收纳架或者洗脸面盆上，既不好看还容易被弄湿，延长梳子的使用寿命。还可以把剃须刀、剪子等吸附在墙壁的磁贴上或者收纳柜的柜门背面。

3. 平板拖把。既可以干拖也可以湿拖，还有一次性的免洗拖布，干净卫生还方便。

4. 免打孔拖把夹。免打孔拖把夹非常实用。平时打扫完卫生之后，就直接把拖把夹在上面，不会占用地面上的空间，整齐有序。如果放在客厅或者阳台还可以用来夹雨伞等物品。

5. 磁吸挂杆。直接吸附在洗衣机机身的侧面，每次洗完衣服之后，直接用毛巾擦干净，然后洗干净之后还可以直接挂在上面晾干，这样既干净，还不会和其他的毛巾掺杂在一起。

6. 马桶感应灯。卫生间安装感应灯后，夜晚去卫生间时更方便实用，更加适合有老人和孩子的家庭。

7. 纸巾架上装隔板。纸巾架装在前面而不是马桶后面。曾经有一个团队花了 10 万美元研究人们到底是从前面拉厕纸还是从背后拉厕纸，最后得出的结论是：四分之三的人都是从前面拉！

8. 台面置物架。如果你只是把物品一一摆在台面上，可能会有些乱，这时我们可以购买一些台面置物架。沿墙边摆放的方形置物架或者靠墙角摆放的三角形置物架都是不错的选择。

9. 洞洞板。洗漱台和马桶之间有很多"公共墙面"，我们除了安装置物架这种常规操作外，还可以粘贴洞洞板，可挂物件多而丰富，比如挂钩，可以挂擦手毛巾、刷子等。

10. 浴室储物架。钉在墙上还是摆在地上或者放在窗台呢？其实这都不重要，重要的是你家一定要有一个这类的收纳物品。置物架也是一个非常不错的选择。

11. 挂钩。可以在墙上安装一些不锈钢或者塑料挂钩，用来挂毛巾、澡巾、拖鞋等。

12. 如果马桶和其他大物件（比如洗脸台、玻璃隔门）之间存在较大的间隙，可以"见缝插针"摆个置物柜，既能利用空隙的空间，又能用来放置物品。

13. 壁挂式脏衣篮。悬挂设计更加便捷实用，如果洗衣机是在阳台位置，那么整个篮子都可以拎着走。

14. 关于漱口杯积水的问题，可搜索"牙刷置物架套装"，用来倒挂沥水。口杯倒挂不积脏水，节约台面面积。

15. 吹风机置物架可解放双手，可以一边吹头发一边刷手机。

16. 壁挂脸盆挂钩。间距可调节，大小盆通用。解决盆多凌乱、无处安放的问题。

17. 防滑吸水硅藻垫。洗完澡后踩上去，瞬吸速干，保持脚部干爽。

18. 壁挂式马桶刷。不占用地面的平面面积，充分利用墙面面积。

何为真正的"干湿分离"

如果是独自一人居住，这种布局当然无碍。哪怕是二人世界，一旦早晚使用高峰，遇到有人在用马桶，另一人如果赶时间，只能捏着鼻子洗澡或洗脸刷牙，更别提三口之家或者两代同堂了。

不少人意识到，家里只有一个卫生间时会遇到上述问题，大多采取的措施是把洗脸盆独立出来，这种做法相比全部集中在一个空间，当然有了进步，但并未解决晚高峰问题，常发生的尴尬就是：你正享受沐浴的放松，外面狂敲门"我要用马桶"……

当然，只要合理设计洗面台盆，就可以解决卫生间一大半的功能。所以无论哪种"干湿分离"的装修设计，都要将台盆的合理放置作为出发点！

我国关于卫生间"干湿分离""行动动线"等设计理念，均起源于日本。日本的房子很小，但卫生间却都很大，必须满足三分离，甚至四分离的功能需求。日本兴起的"干湿分离"的卫生间装修或改造也成为我国家庭的"必需品"。

然而由于户型的限制，我国家庭卫生间空间面积依然较小，有效合理的打造"干湿分离"，并获得更大的活动空间，就成了一个热门话题。

　　如果你正准备装修，建议你做干湿分离。特别是在非常潮湿的南方，如果干湿混在一起，每次洗完澡地面湿漉漉，老人和小孩会很容易滑倒。为了不让家人滑倒，每次洗完澡还要及时拖地，反而额外增加了劳动量。所以无论是从空间规划还是安全上考虑，都要进行干湿分离。

　　有朋友问，我家没做干湿分离怎么办？

　　第一，考虑一下你家卫生间是否可以在现有基础上做干湿分离；第二，考虑下你家是否有老人，如果平时使用时已经发现了安全隐患，那就不能再拖延将就了，你只要加一个玻璃隔断就行，一般两三个小时就可以装完。

　　半开放式既可以保证卫生间的互通性，同时也可以有效地节省空间，比较适用于卫生间空间有限的户型。

❀ 传统的干湿分离

　　所谓传统的干湿分离方法，是仅仅将卫生间的淋浴区、洗漱区、马桶区简单地分隔开。

　　通常只是在卫生间里面设计一个单独的淋浴房，或者是安装一面钢化玻璃作为隔断。

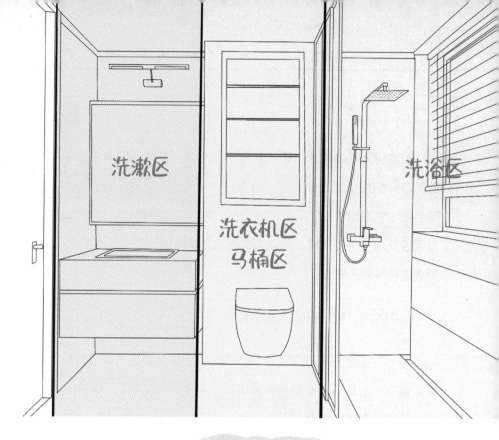

洗漱区

洗衣机区
马桶区

洗浴区

传统的干湿分离

这种传统的干湿分离方法，从表面上看可以阻挡淋浴区域的水汽，但事实上在我们洗澡的时候，所产生的水汽还是会弥漫到整个卫生间当中，而且地面也会有一些积水，并没有达到严格意义上的干湿分离。

虽然这类"干湿分离"已经逐步被淘汰，但不可否认的是，目前我国仍有一定数量的家庭在使用这类卫生间布局。

❀ 干湿分离：三分离、四分离设计

现在较为流行的是一种起源于日本的，更加人性化的三分离、四分离的卫生间设计。

这种三分离、四分离的设计方法和传统的干湿分离有着明显区别。

我们传统的干湿分离只是将淋浴洗浴做成一个隔断，并不能阻挡全部的水汽，而三分离和四分离的设计是将整个空间都完全分隔开，相当于设计成几个独立的小区域。

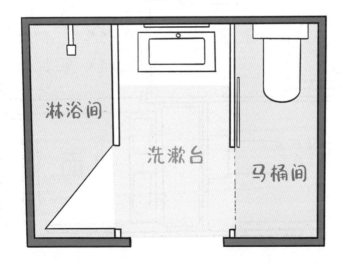

三分离干湿分离

　　三分离和四分离设计的卫生间是将我们卫生间里面的洗漱区、淋浴区、马桶区以及可能会使用到的洗衣机区都完全分隔开。从表面上看是一整个卫生间，但内在可以分成一个个相互独立的小区域。

　　能够做到完全意义上的干湿分离，这样设计出来的卫生间中的每一个区域都是相互独立的，不管我们是洗澡还是洗漱，都不会影响到另一个空间的正常使用。

四分离干湿分离

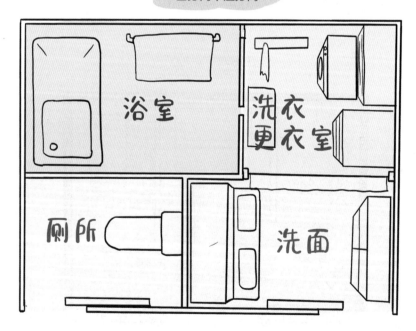

　　优点一：提升卫生间利用率。在三分离或四分离的卫生间设计里面，每一个区域都相互独立，一个区域正在使用，并不影响家庭成员同时使用另外区域，因此能提升卫生间的利用率，特别适合人口比较多而只有一个卫生间的家庭。

　　优点二：更具隐私性。这样将卫生间的每个功能区域都单独分开，也能够更好地保护我们的隐私，我们在使用卫生间的时候

三分离和四分离设计的优点

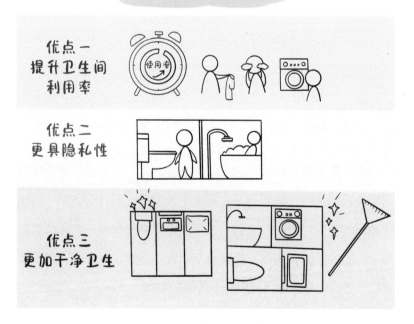

也不用担心会受到其他人的打扰，尤其是在洗澡或者是使用马桶的时候会更具私密性。

优点三：更加干净卫生。 卫生间里的马桶最容易产生异味和滋生细菌，三分离和四分离的设计会将马桶单独分离出来，就算是产生异味，也不会影响到卫生间其他区域的正常使用，相对来说会更加干净卫生一些，同时也更便于清理打扫！

在这里我们一直向大家传播一种不将就的生活态度，悦己纳人，收放自如。不想将就，就要去行动，才能有所改变和进步。

讲了这么多，你如果觉得有道理，但是不去行动的话，对你来讲还是无效的。对于卫生间的大件用品来说，更是如此。因为卫生间的储物空间一般会比较小，不经过大改动解决不了根源问题。所以，要想彻底解决问题，就赶紧行动起来吧。

大家有没有发现本书分享给大家的方法一直都在客观处理空间和物品的关系。先处理卫生间这个大空间，再处理镜柜、台面这些局部空间与物品的关系，最后给同类物品找到一个更小的空间——收纳篮或者托盘。这就是空间管理，先划分空间，再分类物品，最后给每类物品找到一个合理的空间。

当你学会管理家里的空间后，慢慢地你就会管理好时间，进而管理自己的人生，将这种有序的生活态度传递给身边的人。

所以，卫生间的收纳原则也是处理空间、物品和人的关系。

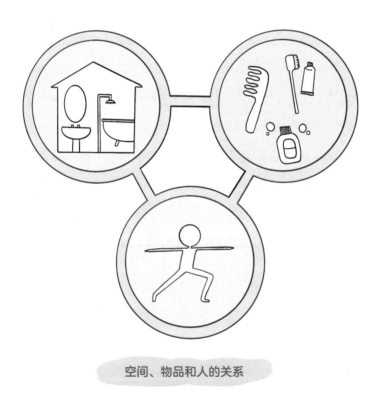

空间、物品和人的关系

章末彩蛋

卫生间霉菌去除小妙招

卫生间很容易滋生霉菌。霉菌会以各种颜色、各种形态出现在卫生间的墙角、瓷砖缝、瓷砖粘胶的地方，最常见的颜色是黑色，还可以表现为黄色、绿色、褐色。

用一份漂白剂兑上 10 份水（1:10）的比例形成溶液，将餐巾纸在兑好的水里浸湿，贴在长霉菌的地方至少半个小时，揭开用刷子刷干净即可。

还可购买除霉啫喱。使用前要擦干水分，涂上后静置 3~5 小时后直接擦掉即可。由于是化学用品，建议套个手套后再刷。

第 5 章

衣柜整理收纳技巧

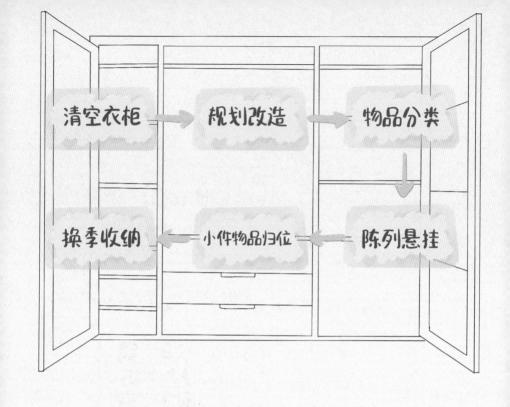

清空衣柜 → 规划改造 → 物品分类

换季收纳 ← 小件物品归位 ← 陈列悬挂

　　衣柜收纳是家庭收纳的重头戏，也是直接影响卧室、玄关，甚至卫生间美观、整洁的重要因素。

　　试想，你或者家庭成员总是将衣服乱丢，久而久之，找不到想要找的衣服，袜子总会莫名其妙地只剩下一只……

　　经常分不清哪些是干净衣服，哪些是次净衣，哪些又遗落在干洗店……

　　或许，一个美观简约的衣柜，一个详尽的收纳规则，会让你改变这一切！

消灭"衣服山",要做好这几步

椅子总会"长衣物",桌子总会"冒杂物",衣橱里总是少一件衣服,想要的那件经常找不到。

说到衣柜收纳,还真是一件既费脑力又费体力的事情。我们不仅要完成收纳任务,更重要的是要想办法让衣柜不容易复乱。

但大部分人的衣柜都陷入了"整理—凌乱—再整理—接着凌乱"的循环之中,久而久之,家庭空间的凌乱,反倒是"衣服山"成了罪魁祸首。从"收起来"开始做衣物收纳,就一定会失败。

❀ 衣物"断舍离"

清空衣柜,把所有衣物全部摊开,以便直观地了解衣物的数量,方便整理。要想整理衣柜,首先就得学会"断舍离"。我们需要按照如图所示的收纳步骤进行:摊开→分类→收起来。

控制数量,决定衣物的去留,把展现在你面前的衣物做一次筛选。衣物"有出有进"才是最合理的"断舍离",而不是一味的"扔、扔、扔"!

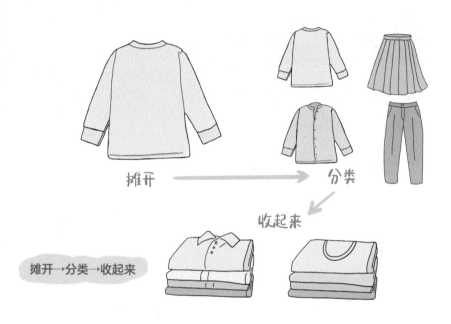

摊开 ⟶ 分类

收起来

摊开→分类→收起来

衣物"断舍离"

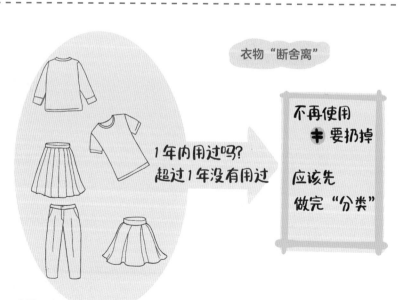

1年内用过吗?
超过1年没有用过

不再使用
✚ 要扔掉

应该先
做完"分类"

我们可以参照如下四种舍弃法则。

一年舍弃法则。如果一件衣服已经闲置在衣柜里一年以上，请果断处理掉。这里的处理不是让你丢弃，而是可以暂时归类到"待留存"箱，留存期为一年。在这个箱子上贴上当日的日期，并贴上"待留存"的标识。一年后如果这个"留存箱"一次都没打开过，那就可以考虑真正的"断舍离"了。

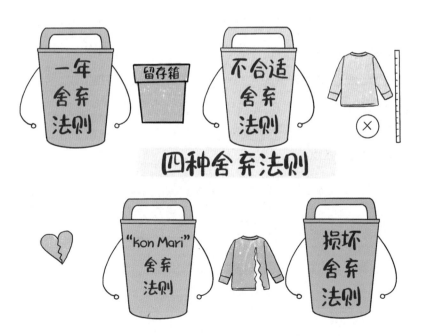

四种舍弃法则

不合适舍弃法则。可以先试穿一下所有让你觉得犹豫的衣服，然后挑出那些尺寸不合适的、走路或坐着不太舒服的、不符合年龄气质的衣服，果断舍弃或者旧物回收。

"KonMari" 舍弃法则。"KonMari" 整理法是日本一位名叫 Karie Kond 的居家达人独创的，她提出 "要丢掉那些不用的东西，只留下可以带来好心情的衣物"。

损坏舍弃法则。对于那些起毛球的、面料破损的、掉色染色的、有污迹洗不掉、太旧了的衣服，也要赶紧舍弃掉，继续囤在衣橱里反倒会浪费空间。千万不要有可以当家居服的想法。选一套让自己舒服的家居服，也是对平凡生活热爱的一种体现，睡眠质量也会提高很多。

🍀 衣柜分区规划

完成艰难的断舍离之后，留下来的都是必需衣物了，但暂时还不能急着收进衣柜里，要先进行分类整理。

衣物分类：将衣物按照当季、换季、用途、留念进行分类。

衣柜划分区域：可以先规划一下分区布局，能更好地利用每个空间。根据使用频率、物品重量和高度这三点，可将衣橱分为上、中、下三层（衣柜分区和衣柜设计分区略有不同，下层可以是收纳箱，也可以是已定制好的抽屉等）。

1. 一般上层可以放置换季的大衣、被子、羽绒服、床单被套等占地面积比较大、质量轻的大件物品。过于沉重的大件不建议放到上层，因为过重的大件很可能让板材变形，而且最上层放置轻的物品能避免重物坠落，误伤自己的危险。

2. 中间常用区域最为重要，也就是我们前面提到过的"黄金区"。这里主要收纳我们喜欢的、常穿的衣物。在空间允许的情况下，建议将此处设置为悬挂区。因为悬挂起来的物品比折叠起来的物品更容易拿取，因此要尽可能增加衣柜的悬挂空间。

3. 下层区域则可以作为不常用的收纳区，如帽子、围巾收纳区以及裤子悬挂区。下层的空间非常灵活，还可以用来放置行李箱等。

4. 内衣、袜子收纳区，也可以运用收纳盒放置在叠放区域，或者用专门的五斗柜进行收纳。

当然，每家每户的衣柜都不尽相同，只要掌握基本的原理，根据自身需求灵活地运用即可。

如果有不同家庭成员的衣物，那么就先把衣物区分开来。成人和孩子衣服不要混放，按照使用频率和季节将个人的衣物分为三类：当季常用的、当季不常用的以及过季闲置的。

衣柜功能分区

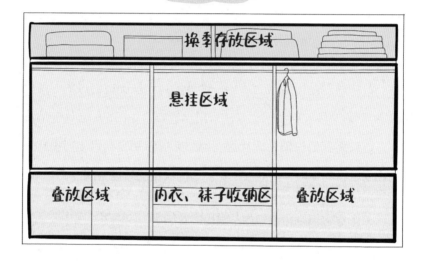

如此一来，衣物收纳摆放时就不会凌乱，还能便于以后快速找到想要穿的衣服。

非当季衣物收纳起来归置在人不容易取到的位置，如衣柜的最上部或最下部，或者是衣橱拐角的区域；当季衣物放在随手可取的位置（黄金区）。

做到按类别收纳，但不要过度分类，进入"过度收纳"的误区。

决定衣物的固定位置之后，使用时要养成"**及时归位**"以及"哪里拿哪里放回"的习惯。

按照构造分类，衣柜还可以分为：挂衣区、叠放区、层板区。各个区域都适合存放哪些衣物呢？

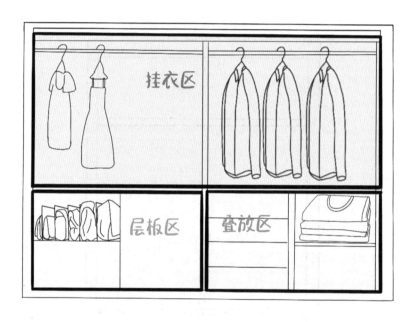

挂衣区：除了内衣、厚重的毛衣不适合悬挂外，其他衣物都适合悬挂。这是因为这类衣物受重力的影响，挂起来容易变形，而且会使衣物双肩鼓包。所以这些不适合悬挂的衣物，就要叠起来收纳。

另外，挂衣区的高度也是有讲究的：最常穿的衣服，一定要挂在单手能够到的范围，伸手可及才会更方便。

叠放区：主要放置毛衣、T 恤、家居服、运动服、内衣裤、袜子、各类服饰配件等。

叠放区的高度也是有讲究的，靠近腰部位置的抽屉，适合放经常穿的衣物，因为不需要弯腰，也不需要下蹲，不需要踮脚就可以拿到。而低处的抽屉，一般比较深，适合放一些过季或者不常穿的衣服（注意：超过腰部高度的位置不适合摆放抽屉柜）。

层板区：适合摆放各类包包。用书立可以让每个包都竖起来，包和包之间不会互相压到，既好找，又不会让包变形。

层板区还可以加抽屉柜，可以买个尺寸合适的塑料抽屉放在层板上，把它改造成叠放区。

但是要注意，高于胸部的层板，不适合放抽屉，因为太高，看不到抽屉里面的东西，用起来反而不方便。

🍀 巧用分级思维，解决衣物乱放问题

衣物管理可以比作一个系统化管理，上述收纳解决了干净衣

服及换季过程中衣物收纳的问题。

然而，当家庭成员回家、沐浴、出门、换季时，会发现家里的各个角落依然散落着衣服、袜子，甚至鞋帽、腰带随处可见。

这时候，就要用到分级思维，解决衣物乱放问题。

- 在回家时我们会把外套脱下，所以在进门处一定要设计外套悬挂的位置，这就是衣物的"进门收纳"。

- 洗澡前或者上床前我们会脱下衣物，这些衣物第二天会继续穿，不必放到衣柜也无须清洗，这时候就需要床尾凳或者衣帽架进行衣物的"次净衣区"收纳（可采用"过夜衣架"）。如果你凳子上一直堆满衣物，那么多半是这级收纳没有设计好。

- 清洗后的衣物，我们一般都会收纳进衣柜，也是决定衣物的固定位置之后，就要养成收纳放回原位的习惯。

- 当季衣物优先选择悬挂式摆放。挂放的顺序，要有个自己的喜好。推荐按照纯色和花色衣物间隔摆放以示区分，然后按照由浅到深的次序排列，这样打开衣柜，看着逐渐过渡的颜色，定会赏心悦目。

🍀 巧用收纳工具，扩大衣橱收纳空间

对于衣柜已经打造完毕的家庭，首先要测量衣柜的宽度、高度和深度，并在此基础上构思如何放置，再选择合适的收纳工具进行收纳。

伸缩裤架：挂裤子区，推荐购买可伸缩的裤架，能够利用有限的空间收纳更多的裤子。

伸缩裤架

天鹅颈裤架：不打滑、不易掉、超省空间；不锈钢材质、减少折痕。最大的特点是收纳好放又好拿。

天鹅颈裤架

门背收纳工具：运用门背后空间进行袜子等小物件的收纳，节省空间，还容易拿取。

门背收纳工具

百纳箱：换季过程中，除了衣柜收纳外，卧室的其他空间也可以利用起来，比如床底。可以利用床底收纳箱，收纳衣物、被褥。春夏换季：薄上、厚下；秋冬换季：厚上、薄下。储物箱收纳，记得粘贴标签，便于寻找。

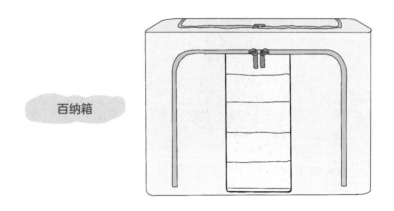

百纳箱

过夜衣架：柜体外侧可以设置挂杆，打造一个简单的"过夜衣架"，如此操作既不会污染干净的衣物，同时也能给衣柜减轻压力（不建议过夜衣架设置在衣柜门内侧）。

家庭衣柜内的挂衣区，各种颜色、各种款式的衣物；衣架形状、种类、颜色的五花八门，都会令衣柜显得杂乱。同时，因为

收纳空间的限制，原本需要悬挂的衣服不得不"委屈"地叠起来，
形成褶皱。

如何获得一个美观而又有足够收纳空间的衣柜，这一切要从
"更换"衣架着手。

衣架统一样式、统一颜色，就会在视觉上整洁干净。衣服按
照由浅至深的颜色顺序排列，看上去也会特别整齐。以下来看看
各种衣架的优缺点：

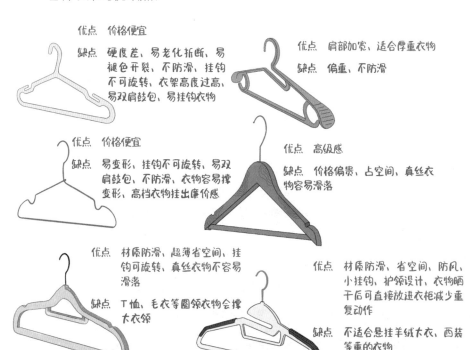

优点　价格便宜

缺点　硬度差、易老化折断、易
　　　褪色开裂、不防滑、挂钩
　　　不可旋转、衣架高度过高、
　　　易双肩鼓包、易挂钩衣物

优点　肩部加宽、适合厚重衣物

缺点　偏重、不防滑

优点　价格便宜

缺点　易变形、挂钩不可旋转、易双
　　　肩鼓包、不防滑、衣物容易撑
　　　变形、高档衣物挂出廉价感

优点　高级感

缺点　价格偏贵、占空间、真丝衣
　　　物容易滑落

优点　材质防滑、超薄省空间、挂
　　　钩可旋转、真丝衣物不容易
　　　滑落

缺点　T恤、毛衣等圆领衣物会撑
　　　大衣领

优点　材质防滑、省空间、防风、
　　　小挂钩、护领设计、衣物晒
　　　干后可直接放进衣柜减少重
　　　复动作

缺点　不适合悬挂羊绒大衣、西装
　　　等重的衣物

通过下面两张图的对比，我们可以发现衣柜容积瞬间变大的奥妙所在。

衣架是如何增加收纳空间的

专业的整理收纳师可以根据一根衣杆（衣通）的长度计算出大概一个衣柜能悬挂多少件衣物。根据衣杆长度及控制衣架的数量，就可以控制买衣服的数量了。

如果挂衣区只能挂 100 件衣服，买了第 101 件，就要从前面 100 件里选出一件淘汰。这样做衣服的总量就不会增加，衣柜空间就能避免不够用。

还有一个降低购物欲的方法。买新衣服之前，先想想衣柜中哪件衣服需要断舍离？如果哪件都不舍得，那就不允许自己购买新衣服。只要自己能遵守这个规则，就能降低买买买的欲望。

学会衣物叠放，尽显高级感

当进入一家中高档服装店的时候，它们的陈列一律用三色原则，不会太多色彩，即能陈列出高级感。其实产品色彩陈列其实就跟我们平时穿衣的原则差不多，一般就搭配两三种颜色，就显得很干净、高级。陈列也是如此，有句话说"越简单越高级"就是这个道理！

在对衣物进行分类时，我们的心中就要有个大概的摆放模型（如按价格、材质、色彩、类别等分类），总之就是要有一定的规律可循。那么如何拥有一个高级感满满的衣橱呢？

1. 统一衣架（前文中已提到过）。

2. 陈列量少：想要陈列显得高级，陈列量一定要相对减少。一些中高端的服装店店铺，会将一整排衣架上产品数量控制的恰到好处。产品陈列数量过多会给人一种凌乱且廉价的感觉。

3. 衣架与衣架之间间隔 2cm，方便拿取衣物。

4. 除了数量要控制，颜色的陈列也很重要。切记一杆排放太多的色彩，色彩一多就显得杂乱，越简单就越高级。

5. 如果你的衣物大多是黑白灰这类无彩色，那么只要经过简单的排列，就会使你的衣柜瞬间呈现高级感。参考渐变效应：从左至右依次为白色、灰色、黑色。

6. 如果你的衣柜彩色衣物居多，可以依照光谱色的排列顺序进行陈列。色彩陈列可按照"赤橙黄绿青蓝紫"的顺序，这符合人类一般的视觉感官。

7. 颜色的深浅顺序也可以参照从左至右、从浅色至深色、从暖色至冷色的规律。

8. 同色系组合。比如驼色、米色、咖啡色，颜色协调统一，具有整体感。

9. 对称与均衡。很多建筑物都讲究对称，服装也是如此。对称会让人产生平衡、整齐、秩序的美感。

10. 重复和交错。这是高级感陈列必不可少的技巧。重复就是将商品按同样的大小、形状、方向陈列，从而让商品看上去特别整齐美观。

　　11. 近藤麻理惠 ① 收纳术。衣物都是从左至右、由长到短排列的，一是视觉上更加有序，有步步高升的心理暗示，二是方便下方叠放不同高度的透明抽屉。

　　随着生活节奏的不断加快，早晨起床后的家庭成员个个"如临大敌"：着急出门的爸爸，一边刮胡子一边找合适的衣服，结果衣柜成了他的"战场"；妈妈要照顾上学的孩子，结果清理"战场"的工作也抛之脑后。久而久之，沙发、床边随处可见散落的衣服，每天早晨"永远"也找不到想要穿着出门的衣服。

　　而这一切的原因，就是没有学会正确收纳衣物，依然使用传统（错误）的衣服叠放方式整理衣柜！

　　会收拾不等于会收纳！

　　传统叠衣方法的弊端是：层层叠放，衣服容易压出折痕；只看到最上层衣服，最常穿的永远是最方便拿到的；一抽取衣服容

---

① 　近藤麻理惠是《怦然心动的人生整理魔法》一书的作者。该书在全世界售出了 200 万册。

喵也很无奈啊！

凌乱的衣柜

易发生"坍塌事故"，陷入"理–乱–理–乱"的循环。

想要让衣柜长时间保持整齐干净，悬挂方式是其中最重要的因素。

我们可以在衣柜挂放区能够承受的范围内尽量多挂放（一米

的衣杆约挂放 50 件衣服)，并且遵循从左到右，依次变短、变薄、颜色变浅的顺序挂放，这样衣服更容易拿取。

挂放区空间放满衣物后，我们可以选择卷放，这种叠衣方式节省空间，不容易"坍塌"；

由此可见，衣服收纳的原则是：能挂不卷，能卷不叠。

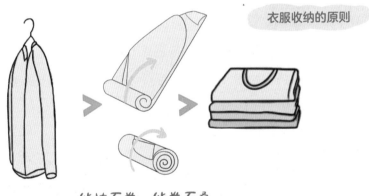

衣服收纳的原则

能挂不卷，能卷不叠

❀ 衣物挂起来

挂衬衫时须将肩线对齐衣架，并扣上第 1 颗扣子，有绑带的衣服则直接系好，让衣服呈现原本的样子。衣架做到统一朝向。

衣摆较长的洋装，吊挂起来容易拖地。如果没有长款衣物的悬挂空间，可用两个衣架一起吊挂，缩短衣摆的长度。

细肩带或露背装、裙子等配有细带的衣物，则可选择有凹槽衣架，不易滑落。

🌸 衣物卷起来

平折衣物存放较占空间，可将 T 恤、牛仔裤、休闲裤等不易出褶皱的衣物卷起来收纳，容易拿取，而且节省空间。

衣物竖叠应该是空间利用效率最高、寻找衣物最便利的一种收纳方法了。唯一的要求就是主人要有较高的收纳能力和充裕的整理时间，再加上抽屉分区神器，整理小衣物确实好用。

🌸 衣物叠起来

像毛衣这些蓬松柔软的衣物，长期悬挂有可能变形。平叠收纳不仅可以避免衣物变形，还可以节省大量空间。

但平叠衣物在取用时实在不便，以 60cm 的柜子深度来说，要放前后两排叠好的衣服，靠内侧一排的衣物寻找起来十分困难，如果衣物摞得过高，要抽取下面的衣服，衣服就有坍塌的危险。

　　因此，隔板的深度控制在 40cm 内较好，每叠（摞）衣服控制在 5 件以内。

　　我们来看几种常见衣物的叠法。

　　如下图所示的这个对折式的叠法，是不是很熟悉？因为妈妈辈的人，都这样叠。这个方法虽然叠得快，但是叠好之后，每件衣服的长宽都不一样，放在一起很容易乱。

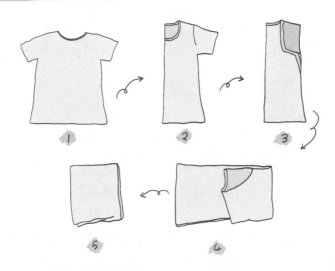

接下来教大家一个口袋式叠衣法。

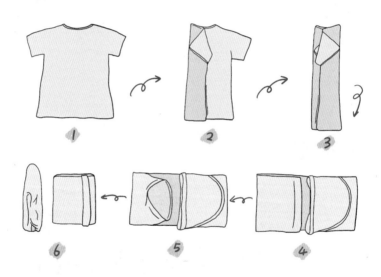

这种方式不会使衣物散开，还可以竖起来，能把各种大小的衣服都叠成这个尺寸的，放在一起就会很整齐。

但是这个方法也有一个不好的地方，就是有些衣服的下摆如果这样拉扯，可能会变形。所以，普通 T 恤可以这样叠，如果是很贵的衣服，就不建议用这种方式。

接下来，再分享一个卷筒式叠衣法。

这种方式非常省空间，特别适合旅行和出差。但是，和口袋法一样，这个方法也容易损伤衣服的下摆，这是需要大家注意的地方。一些太容易皱的衣服，就特别适合使用卷筒式叠衣法。

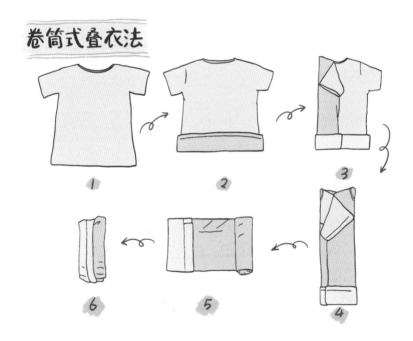

卷筒式叠衣法

衣柜设计要实用也要颜值

无论是定制衣柜还是市场上购买的成品衣柜，多数家庭都不知道什么结构会更加好用，全凭设计师、生产商做主。

衣柜作为家庭收纳的主要空间，使用年限较长，一经购买（定制）很难再修改，所以选择时更要慎重。

好的衣柜结构设计是做好收纳的良好开端！

衣柜门大体可以分为推拉门和平开门两种方式，而门上的空间往往很少被利用起来。

与推拉门相比，平开门可利用的空间更大，柜门背后也能有效利用，增添腰带、帽子等配饰的收纳区域。

推拉门柜门厚度是平开门的两倍，这在我们衣柜深度的利用上浪费了一个柜门的厚度；在推拉过程中，衣服容易夹起来，损害衣物；轨道的使用寿命有限。在空间允许的情况下，能选择对开门，尽量不要选择推拉门。

衣柜深度一般在 55~60cm 之间，这是根据男士大衣挂起时衣服的肩宽来设定的，而女士大衣 58cm 已经足够。进深太深或太浅都会影响衣物的拿取和存放。

衣杆（衣通）高度一般为女主人的身高加 20cm，比如，女主人的身高为 160cm，理想的衣杆离地距离应为 160cm+20cm=180cm。要注意的是，衣杆距离顶部隔板的距离可根据衣架的款式调整，一般建议 4~6cm。

很多家庭都有个误区，以为隔板越多越能增加储物空间。

误区：隔板越多越好

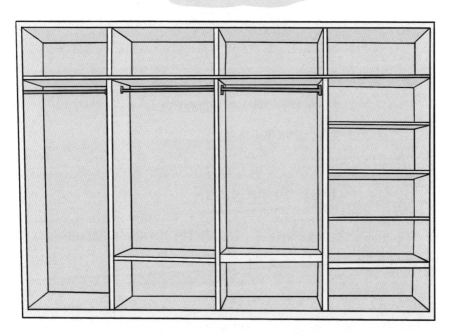

乍一看，衣柜收纳的干净整洁，可事实上细心的读者一定能看到其中的问题所在。

家居设计师们并不了解每个家庭的生活习惯、物品数量以及穿衣风格，他们喜欢把衣柜分割成大大小小的格子，名义上是分门别类收纳不同衣物。当你入住后，才发现并不实用。

如此设计，主要原因有三点：

- 出于利益最大化的考量，隔板越多，使用的板材、五金件就越多，整个衣柜的成本就会越高；
- 隔板属于叠放区，如果高度太高，仅放一层衣服就会存在空间浪费，所以会设置多层；
- 衣物折叠看似节省空间，但是折叠衣物是一件很费时间和精力的工作，拿取也不方便。

那么，什么样的衣柜布局更加合理呢？

衣柜布局往往越简单越好。我们可以把刚才的衣柜改造成下图的样式。

改造后的衣柜

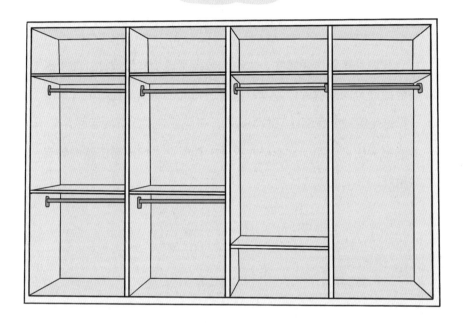

从图中我们可以发现，衣物收纳的重要原则"能挂则挂"。衣柜结构采用上下两层，减少隔板，增加挂衣区域。

衣柜最上层主要存放一些不太常用的物品，如换季衣物、床上用品及被褥；中间增加挂衣区域，实践证明，收纳衣物最多，拿取最为方便的是挂衣收纳；底部空间空余，根据实际需求运用收纳工具进行收纳。

市场上常见衣柜的下层区常会设置抽屉区或挂裤区，尤其是悬挂裤架，90%的家庭反馈不好用，且悬挂的裤子数量十分有限。

在近几年新房装修中，大家都舍弃了这个裤架设计。如果家中已经拥有同款裤架，可以通过改造将此区域变成挂衣区，只要一把家用电钻或者螺丝刀即可拆除。将隔板之间的宽度告诉卖家，卖家自会给你定制一套衣杆（衣通）和配件，你只需按照说明安装就好。

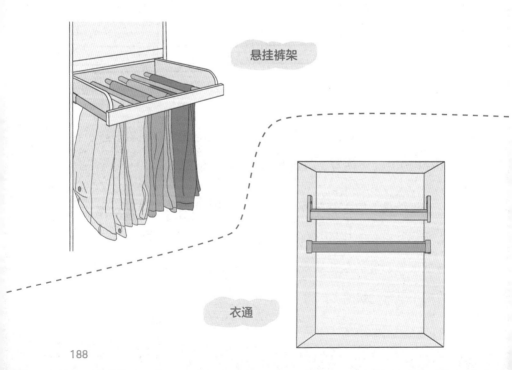

悬挂裤架

衣通

章末彩蛋

衣物能不换季就不换季 [①]

　　每到季节更替，就意味着无法逃避的一场大型整理运动：春天来临，把冬天的衣服一件件清理，放回不常用的位置，再把春天的衣服搬出来，一件件挂起、折叠，放在方便拿取的地方；等到下一个季节，又要如此这般一番，让人不胜其烦。

　　很多衣服都处于模糊地带，你要给它定义一个合适的"归属季节"是很难的。一年四季的空调，让我们在室内已经感受不到换季，夏天有时候也需要穿着长袖的上衣，冬天有时候也会拿出薄连衣裙打底。除了类似于羽绒服这种特有的季节性衣物之外，其他衣服已经很难划分明确的季节了。有时候乍暖还寒，刚把一件衣服收好，又不得不重新翻出来穿。

　　在各种现代化设施的支持下，我们的生活已经可以不换季了，那么我们的物品收纳方式也可以不换季。如果在

[①] 选自蚂小蚁的《爱上收纳：井井有条又热气腾腾》一书。

规划的时候，把方便拿取的位置留给当季的物品，不方便拿取的位置给过季的物品，你就会发现，所谓的"方便拿取"比"不方便拿取"，只是多了开一个门或者踮脚的时间。

一个只要季节变换就要重新"定位"的收纳系统，结构必然是不稳定的。总是更新收纳的位置，给我们保持良好的归位习惯也增加了难度，更不符合"懒人收纳"的初衷。

其实衣服放不放得下，与是不是换季并没有太大的关系，收纳空间不足的问题，大多数时候是因为物品的数量超出了空间的容量。

衣服按照厚薄，需要悬挂的悬挂、可以折叠的就叠起来放进抽屉。实在是想要换季收纳的话，也只需要在季节更替的时候把抽屉换个位置就可以了。

对空间和收纳方式进行规划，背后的本质其实是对生活方式的规划。随着四季流转，我们的生活状态一直在平滑而自然地进行着更新，并不存在那个泾渭分明的分界点，那又为何要给收纳方式去设置这样一个"置换"的季节节点呢？

第6章

阳台整理收纳技巧

阳台是家居空间必不可少且向外延展的部分。作为与阳光最亲近的区域，它本身既浪漫又实用。如果不好好规划，随着入住时间的推移，它会逐渐沦为堆放杂物的储藏区，失去了原本的价值，更破坏了整个家居空间的美感。

阳台本身具有独立性，也非常适合二次改造，并不影响房屋整体装修风格。

在本章中，我们从收纳的角度带大家改造阳台，从而达到美观、多功能、收纳三重效果的"完美"阳台。

在我们做收纳整理之前，要先把阳台清理一番。充分利用空间，巧用收纳工具，让你的阳台焕然一新。

阳台除了洗晒还能做什么

进入 21 世纪，家居装修开始将阳台作为了"洗晒台"，将原本放置在卫生间的洗衣机搬移到阳台，这无疑是缩短晾晒衣行动动线的明智之举，也切实有效地提高了房屋空间的利用效率。

随着小户型、公寓逐渐流行，以及年轻人对于生活品质的向往追求，阳台仅仅承载洗晒功能，已经无法满足户主的需求。如何将阳台空间打造得既温馨浪漫，又实用有型，也成为诸多家装公司（装修设计师）的重要课题。

我们通过调研归纳总结出了适合我国使用习惯的几种阳台风格。

❀ 洗晒区——阳台的重要功能

阳台作为小户型房屋中洗晒区的重要性日渐增加。近年来，卫生间"干湿分离"设计也已成为人们固定的装修思维，从行动路线来看，洗衣机等洗衣工具再也无法回归室内。

洗衣机、自动升降晾衣杆等工具在设计制造过程中，均考虑了阳台放置的情况。近年来流行起来的滚筒式洗衣机，也更加适合在阳台上使用。

所以利用阳台一侧墙面，打造洗衣机（洗衣、烘干一体机）、清洁用品（洗衣粉、洗衣液等）、洗手台的多功能区，也成了阳台装修设计的必要环节。

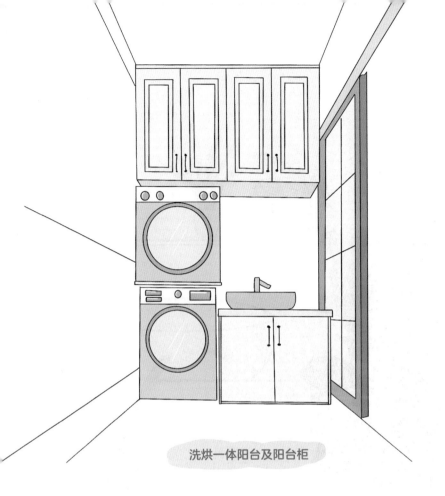

洗烘一体阳台及阳台柜

❀ 绿植区——打造私家小花园

绿植几乎是家庭阳台必备品，更有甚者，阳台早已被打造成"无公害蔬菜基地"。

在有限的阳台空间，绿植的必要性自不必说，需选择容易打理（对施肥、土壤要求不高）、开花周期长、叶片硕大美观且容易更换（红掌、朱顶红等）的绿植，舍弃落叶较快较多的绿植。

打造私家小花园

我们坚信，家居打理清洁的过程，需要简单、轻松。

并非所有家庭都需要或者会定期请保洁上门服务，所以阳台作为户外空间，更需要便于清洁的设计布局。

绿色的阳台令人心旷神怡！这时候，用上多层置物架，家中这个生机勃勃的阳台，瞬间也可以变得错落有致。娇艳的花朵，郁郁葱葱的植物，让阳台成为一道亮丽的风景线，静谧而美好。

草莓老师温馨建议

如果因工作繁忙，没有时间打理这些绿植，可以打造一个"墙面花架"：市面上较为流行的一种花架，浇水可以搭配自动滴灌系统，能定时定量，但要注意墙面防水（搜索"墙面花架"）。

绿植上墙，小型绿植固定于窗台墙面，或悬挂于窗框下方。欣赏视野也从地面抬升至半空，在天空的映衬下绿色显得更加娇艳。不少人喜欢将植物放在阳台外栏杆上，或者靠近栏杆的位置，这些都要小心处理，防止盆栽坠落伤及他人，得不偿失。

❀ 休闲区——享受生活如此简单

在视野开阔的阳台上，你是否想看一场露天电影？

是否想和心爱的人、闺蜜、三五好友，遥望星空，品尝红酒？

随着人们生活节奏的加快，阳台已经成为人们放空自我的理想区域，虽然年轻人对生活品质要求越来越高，但限于经济、身体等原因，他们更希望在家中能有一个小面积的休闲放松区。

随着 3C 产品的不断丰富，体积小巧的投影仪配合几乎不占空间的幕布，打造出露天私人影院也变得更加简单。

便携式折叠座椅及餐桌在阳台的开放空间也便于收纳及清理，不用时可放到阳台的储物柜里，减少搬运的移动时间。

冬日阳光甚好时，来一场阳台露营，喧闹城市中的宁静，便由此而产生。

阳台改造成"电影院"

❀ 儿童玩具收纳区——享受亲子时光

由于阳台兼具采光与通风的效果，此处还可以变身为儿童玩耍区，铺上一张地毯（抗菌地毯），儿童就可以在阳台上沉浸式玩耍。在这里放置一个玩具收纳架，搭配几个收纳盒，就可以成为玩具收纳区。需要注意的是，玩具收纳箱（多为塑料制品）请选择抗氧化、阻燃效果好的材质。

阅读区——沉浸在书的海洋

对于小户型的家庭而言，由于没有独立的空间做书房，又想有一个办公或者阅读区域，我们就可以把目光瞄准阳台，规划并打造一张书桌。

然而，我们并不建议将阳台作为阅读区。

首先，书桌、书柜、书籍以及电脑等惧怕太阳直射及氧化；

其次，使用频次较低，相应配置（书桌、书柜等）占据大量空间，不利于收纳；

再次，大多数户型的阳台与客厅相连，较难形成私密空间，阅读时侧对客厅，更容易"走神"。

草莓老师温馨建议：

鉴于户型局限性及户主人的生活习惯，如果需要把阳台打造成阅读空间，那么我们建议：

1.阳台采用遮光效果好的窗帘，将书桌、书籍一侧遮盖。

2.书柜采用封闭式，防止书籍落灰难以清理。

3.书桌、书柜等采用定制，适合阳台空间，并且选用浅色原木材质为好，避免氧化褪色，影响美观。

阳台虽小，却承载着一家人的希望与梦想。

香港电影《家和万事惊》中的男主人公有这样一段台词："你知道么，那窗户对我们很重要！我们一个月少说要吵二十几次架。就是因为这个窗户，才能化解所有的压力和矛盾。"我们每个人需要低头实干，偶尔也需要抬头仰望星空。

阳台，可以很好的包容、抚慰我们心中的烦恼和不快，让我们有一个放空自我，从容、乐观的心态！

阳台适合哪种洗衣机

选择滚筒洗衣机。

滚筒洗衣机可以把洗衣机顶部的空间进行封闭处理，这样洗衣机的上方也能摆放洗衣液、脏衣篓等东西。再加上洗衣机和吊柜之间的墙面空间，不管是打隔板还是加挂钩，都能够多出几个平方的收纳空间来。

阳台选择滚筒洗衣机

比较窄的阳台选择滚筒洗衣机，也就有了一个洗手池的空间，平时可清洗小物件（如袜子、内衣等），再加上一面洞洞板，收纳空间瞬间提升。

如果是把洗手池放在了阳台的对面一侧，那么滚筒洗衣机的四周空间就可以全都利用上，做上满满的柜子，各类收纳需求都能满足。或者在洗衣机的上方买个立式的花架，用来种点绿植、放点杂物，也能让阳台实用几分。

还有很多户主人因为觉得晾晒衣服比较麻烦，也会选择再买一个烘干机，滚筒洗衣机和烘干机结合起来，也只需要占用一个洗衣机的平面空间。省下的空间就可以做更多的收纳，让我们的阳台变得更加实用，洗衣、烘干、晾晒、收纳，所有功能都可以集合在阳台中。

升降衣杆真的好用吗

在大多数家庭中，阳台依然是晾晒衣服的主要区域，所以满足整户家庭的晾晒需求是第一要素。

阳台顶部装个电动晾衣架，阳台灯也省了，而且还时尚美观，衣服也可以轻松晾晒！经过多年的市场验证，升降衣杆已经得到了消费者的认可。

　　根据网络数据及部分评测，我给大家罗列出不同种类衣杆（含传统衣杆）的优缺点。

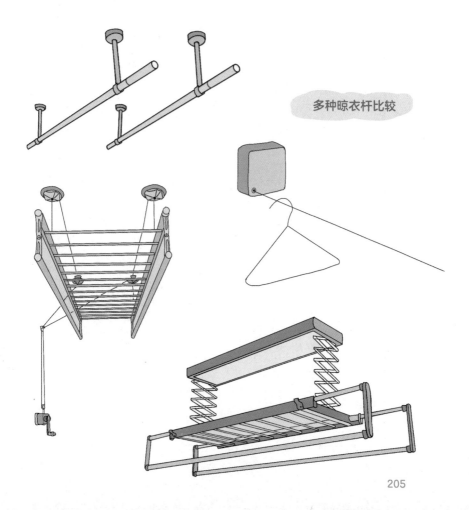

多种晾衣杆比较

名称	产品性能	材质	功能	优点	缺点
固定式晾衣杆	安装位置固定，不可上下升降	绳子 不锈钢 镀锌管 铝合金	晾晒	经济实惠、安装方便	由于衣杆位置较高，每次晾晒衣物都需要借助撑衣杆，动作繁琐
隐形晾衣绳	抽拉钢丝绳到固定位置卡扣	钢丝绳	晾晒	美观、不占空间，安装方便	衣物之间容易滑动，自承重力不足，可晾晒衣物数量有限
手摇式晾衣杆	通过人工手动升降	不锈钢 铝合金	晾晒 升降	根据需要升降实用	根据使用频率容易出现钢丝绳和滑轮故障，维修比较繁琐，衣物过多就会考验臂力，一般价格在300~500元
电动式晾衣杆	通过智能控制面板遥控升降	不锈钢 铝钛合金 航空铝合金	晾晒 升降 照明 烘干 杀菌消毒智能 声控	操作智能、功能多，满足各种身高，售后服务有保障	价位比前三者高，平均市场价位根据功能不同，一般价格在700~2000元

目前，升降衣杆种类繁多，建议大家谨慎选择，并挑选大品牌和提供售后服务的产品。

晾衣架最大的作用是方便晾晒衣服，安装一个入门款升降晾衣杆完全足够。如果需要烘干，还是烘干机更专业。

另外，很多产品功能越多，损坏或者出故障的概率也就越高。慎重选择，避免缴纳"智商税"。

清洁用品巧"隐藏"

很多家庭的阳台除了承担着洗晒的功能，同时也承担着收纳杂物和清洁用品的功能。

大到吸尘器、扫地机器人、拖把、扫把，小到洗衣液、肥皂、洗衣粉、刷子等五花八门、各式各样的清洁用品。

很多家庭都是将清洁用品随意放置在阳台，且裸露在外，视觉上难免会有凌乱感，同时也存在积灰问题。

有的家庭设计了洗衣机的上柜和地柜，把所有清洁用品都一股脑儿地塞进去，表面上很整洁，但是每次翻找物品很不方便，

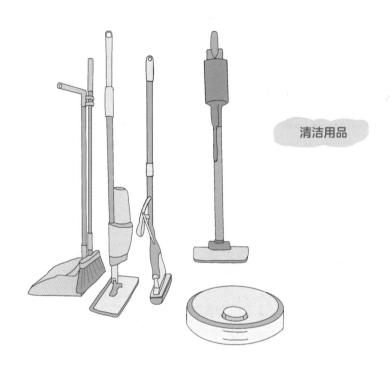

清洁用品

也就违背了收纳的基本原则。

　　随着时代的进步，很多家庭越来越追求品质生活，在装修设计的前期就开始考虑清洁工具的收纳问题了。

顶天立地柜

如同客厅一般，顶天立地柜不仅收纳能力强，美观度也较高。

阳台如果是两面采光，可以将有窗的一面用作洗衣机＋地柜（或洗手台），无窗的一面用来做顶天立地柜，将柜子做到顶部。

注意柜体内的隔板并不是越多越好，千万别把隔板固定成不可调节。

顶天立地柜空间大，比如柜门可以挂比较长的清洁工具，如果计划放吸尘器或者挂烫机，建议考虑提前预留插座的位置。另外可以利用各种挂钩、洞洞板等收纳工具随意组合搭配。柜门内可以存放不常用的杂物。经常使用的物品，还是建议放在洗衣区的台面上，拿取更为方便。

储物柜内部可分为：清洁工具区、换季鞋收纳区、常用储物区及不常用杂物区等。

阳台柜收纳空间

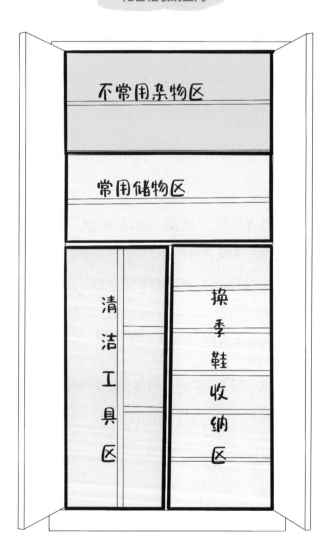

　　内置洞洞板，可以将一些小工具挂起来，如吸尘器的各个配件。内部记得预留插座，方便后期充电。

洞洞板

❀ 最大化利用墙面空间

收纳的本质就是空间利用。阳台空间小，自然不能放过一丝一毫的闲置空间，墙壁也要利用起来。在墙面上安装置物板，用来收纳各种物品和摆件，整齐有序地排列能让墙面看起来整洁美观，还能增加趣味性，让其显得不那么单调。

储物柜材质选择角钢板材柜子、烤漆玻璃为宜。实木板柜、铁柜均不适合阳台使用。储物柜纵深建议在 40~60cm，有条件的家庭可以选择 70cm。

阳台收纳好物分享

❀ 墙壁挂钩

当平面空间有限时，也可以选择增加挂钩的方式。墙壁挂钩一般出现于厨房或卫生间区域，主要用来挂放我们的常用物。但其实它对于阳台也同样适用，用来收纳一些衣架、裤架以及日常清洁用品，这样不仅提高了阳台平面空间的利用率，还不占空间。

🍀 简易隔板

在墙面上安装隔板，用来收纳各种物品和摆件，整齐有序地排列能让墙面看起来整洁美观。它其实与墙壁挂钩的原理差不多，都是利用了阳台区域的立体空间达到收纳效果。相比之下，隔板不管是功能还是美观程度都是优于墙壁挂钩的，而且因为它的承重能力更强，我们还可以放置盆栽植物或者一些耐风雨的物件，这样既能满足自己的爱好，又能释放地面的储物压力。

🍀 铁艺网

若是担心挂钩会伤害原有的墙面，可以试试铁艺网。虽是小的网格，却有大的作用，可以收纳一切你想要收纳的小物件。

🍀 洞洞板

阳台上除了可以定制阳台柜以外，还可以利用墙面上的空间。装一块洞洞板，小件清洁工具或者吸尘器都可以收纳在洞洞板上。

阳台收纳好物

❧ 洗衣机周边空间

洗衣机周围的空间总是容易被忽视。做一个洗衣机收纳柜，整个空间不仅会更整洁美观，还能多出来不少收纳空间。

阳台较小的户型可以做一个简洁的金属收纳架，延展洗衣机的上部空间，放上一些洗衣液和衣架等小物品，随用随拿，极其方便，也可增添一个缝隙抽屉柜。

❧ 阳台外置晾衣架

阳台增加了储物空间，最让人担心的就是晾衣服的空间不够。做个外伸式置物架，可以延伸晾衣服的空间。不用的时候也可以折叠起来。

❧ 折叠"人"字梯

一般阳台层高会高于室内。较高处可以放置不常用物品，拿取时可以选用"人"字梯。更换灯泡时也可以使用。

❧ 置物架

喜欢养花草的小伙伴们都知道，要想做好收纳，那置物架绝对是一个好帮手。

阳台置物架

以上就是关于阳台收纳的一些方法和好物推荐。没有人喜欢杂乱无章的空间，特别是阳台这个特殊的空间。只要用心规划，即使是作为简单的储物间，阳台也能很优雅。

章末彩蛋

市场上的壁挂式洗衣机，虽然节省空间，但是清洗容量有限，加上排水问题以及价格，不推荐在阳台使用。

榻榻米一直都是卧室的收纳必备，但它不适合户外阳台选用，后期日晒雨淋，会导致清洁和保养成本增高，尤其不适合天气多潮湿的南方。

第 7 章

书房整理收纳技巧

　　随着社会的发展，5G 互联、元宇宙等新兴事物层出不穷，人们的娱乐生活也更加丰富多彩。现在的人们更是手不离机（手机），无论是走路、坐公交、乘地铁，埋头看手机已经成为一种常态化。

　　纸质书籍是否即将退出历史舞台，我们姑且不论，但有一个有趣的现象则是，现代家居生活，无论户型大小、布局如何，都有书房的一席之地！

书房的雏形源于我国春秋时期，诸子百家，学风之盛，无出其右。白天是课堂，晚上就成了看书的地方。当然，这时候的书房叫作书斋。

到了现代，书房的功能并不局限于藏书、读书、写作，而是主人单设的一处生活场所，是供家庭成员享用的休息室、工作室、娱乐室、藏书室以及小客厅的混合体。

书房的雏形

书房的核心物品依然是纸质书籍，无论是用于装饰，还是主人的阅读喜好。

随着时间的推移，书房往往是仅次于客厅，最难以清洁、打理收纳的空间。凌乱的书籍、交错的电子设备线路、堆积的杂物，让本来狭小的空间显得拥挤不堪。

作为阅读、工作、"放空自我"的场所，空间概念尤为重要，不仅要整洁，更要有良好的视野"放空"，才能起到专心阅读、工作、小憩的效果。

书柜空间有限，书籍多到放不下怎么办

进入 21 世纪后，"洛阳纸贵""一书难求"的时代已经远去。

我国实现全面脱贫后，书籍在偏远地区也逐步普及。在这样的大背景下，我们是应该好好审视自己的书籍该何去何从，尤其是有孩子的家庭，那些已经无法满足孩子阅读的书籍，应该进行一次大清理了！

书籍是用来阅读的，知识具有"传递性"！

在图书的收纳技巧中，最重要的是将书进行二次馈赠（流书：使书籍流转、流动），让知识传递下去！

我们多次提到，收纳的基本原则：摊开、分类、收起。书籍整理归纳依然采用上述方式。

把所有的书籍都整理并平面摊开到公共区域。掌握并了解整个家庭拥有多少书籍，不要放过任何角落的任何一本书。包括床头柜上的、卫生间的或者压箱底的书。

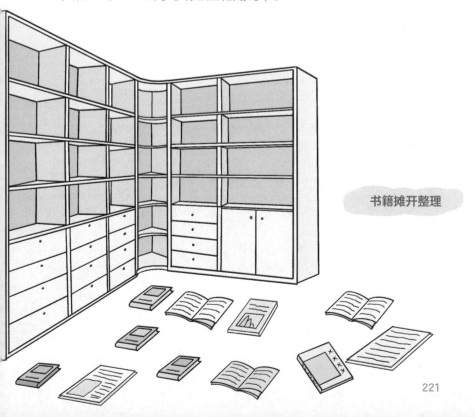

书籍摊开整理

在做分类之前，先对书籍进行"断舍离"。

我们曾多次提到，对于大多数家庭，很多物品已经淘汰不再使用，但依然保存。书籍也是一样，书籍或者杂志只进不出，久而久之没有足够的空间存放新书了。甚至有些家庭把孩子从幼儿园到大学的教科书、参考书、试卷等都不舍得丢弃，美其名曰留作纪念，哪怕搬家都不舍得丢弃。有一些当下流行的畅销书，试想再过 5~10 年后，这些书籍你还会阅读吗？适合你的孩子阅读吗？

如果你的回答是迟疑的，那么是时候给你的书架制定一个去留的标准了。

哪些书籍需要"断舍离"呢？以下几类可供参考。

- 纸张或者印刷质量差，影响阅读。
- 读过一次不会再读（不符合自己的价值观），比如一些无内涵的书籍。
- 各类考试用书（考级类的参考书，一旦考完就可以"断舍离"，毕竟考纲年年更新）。
- 从来没有阅读且永远不会读的书。

✿ 随着孩子年龄的增长，已不适合现在年龄阶段阅读的书
　　（儿童及青少年刊物）。

需要"断舍离"的书籍

对于有囤书习惯的朋友来说，要让他"断舍离"，如同割肉般痛苦。正所谓说起来容易，做起来难，如何让自己能高效做到"断舍离"或者物尽其用呢？

1. 使用转转、闲鱼等二手物品交易平台出售自己的书籍。一般是 1~5 折回收价格，比如"多抓鱼"，系统会自动定价，然后顺

丰免费上门取件，不需要支付运费。

2. 借助万能的朋友圈转卖或者赠送给有需要的人。

3. 加入当地的二手物品交易群（置换群）。如果没有，那就自己组个群，仅限同城交易。

4. 捐赠给附近的图书馆。

5. 动手 DIY，发挥想象力。可以自己 DIY，将书籍做成装饰品，以达到物尽其用。

做完"断舍离"之后，就该对留下来的书籍进行分类了。

如果书籍不多，可以根据用途把书分成工具类、专业类、文学历史类等；如果书籍较多，可以把书分为教材类、专业类、绘本类、成长励志类、文学类、外语类、生活常识类等。

也可以按照书籍尺寸大小，进行分类。如果你是书籍阅读爱好者，家里的藏书多到不会分，也可以去附近的书店或者书城逛一逛，找些灵感。

书房的物品除了书籍以外还有文件、证书、各类产品说明书、票据、小物品等，我们可以借用一些实用的收纳工具，进行分门

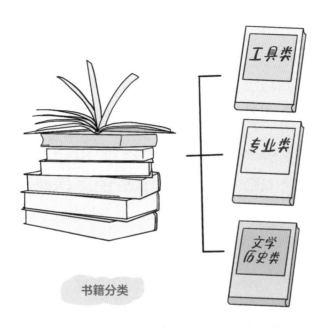

书籍分类

别类。当然，要想既好看又方便，请注意收纳工具的色彩统一。

　　书房有收藏卷轴字画、未装裱的字画，可以采用塑料材质的收纳工具（防止发霉、虫蛀）进行分类收纳。

书籍收纳无烦恼，好拿好放好收纳

　　做完摊开、分类这两项重要环节，第三步就是收起来。

❀ 书籍的收纳原则

1. 上轻下重。书柜底部有地面的支撑，承受能力比较强，下层尽量放一些比较厚重的书籍。

2. 书柜空间保持八分满，空出两分空间。书籍往外推（余一指宽），达到书籍外侧对齐，而不是将书往里推，内侧靠书柜内壁。参照图书馆或者书店的摆放方式，制造出逻辑上的整洁感，这样会让你更有阅读的欲望。

书籍摆放

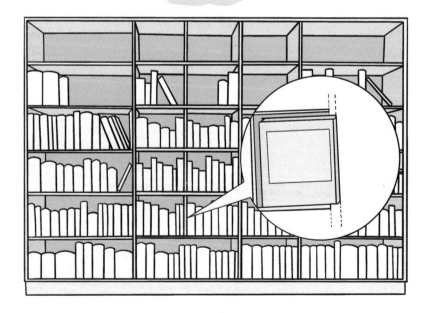

空出来的两分空间，是给新书预留出的空位。这样买书的时候，也不会心血来潮地大量采购新书，从而避免了看书的速度跟不上买书的速度。在衣柜章节中，我们也提到过用空间控制物品的数量，用数量控制人的欲望。

3. 把使用频率不高的物品通通放入收纳盒，并贴上标签，为了视觉美观可以购置统一收纳盒来控制色彩，从视觉上达成清爽感。

对于使用频率高的物品，放在方便拿取的地方，并固定其位置（此类物件收纳，可参考第 1 章玄关小物件的收纳方法），这样做的好处就是找物品可知道大概区域。

4. 在书柜或者经常阅读的区域，设定"黄金"区域。按照上面使用频率低、中间使用频率高、下方使用频率中的顺序放置书籍。对于家庭成员（大人和孩子）的拿书习惯以及身高来说，每个人的"黄金"区域都是不同的。大人们一定要学会蹲下来，站在孩子的角度看待书架，孩子方便拿取，自然也就喜欢阅读书籍，并归位收纳了。

阅读完书籍后，放回原位才是保持"不复乱"的王道，养成将阅读到一半的书籍及时归位的好习惯。

书籍收纳黄金区

书籍阅读后放回原处

🌸 文件、资料、说明书等的收纳原则

1. 根据个人习惯对文件、资料、说明书的内容、用途或时间维度进行分类，可以用不同颜色的文件夹或者文件袋区分每个类别，并对文件分类加上一个小标签来进行区分，不仅方便查询又能保持整洁美观。

书房里的资料最好放到分类"风琴夹"里，这样就可以高效分类收纳并拿取你的重要纸质资料了。及时清理销毁不需要的文件、票据及说明书。

2. 竖立式收纳。和收纳书籍的方法一致，将文件资料和物品等竖立式放在文件框，无论是拿取还是带走都很方便。

3. 除了重要合同、必须留下备档的资料类文件，其他大部分文档（产品说明书和保修卡）、名片都可以电子化备存，扫描或者手机拍照并上传到云盘。如果是小家电发生故障了，一般都会直接去旧买新；大家电发生故障也会直接电话联系售后服务。如果你没有文件批量电子化的需求，用"全能扫描王"手机 APP，就可以把资料、图片等电子化备存了。

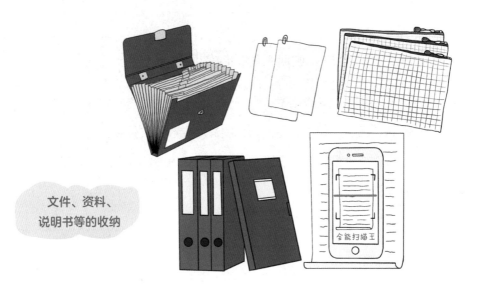

文件、资料、说明书等的收纳

❀ 小物品收纳原则

可以根据物品的大小，放进抽屉，经常使用的物品建议放到台面上，用合适的收纳工具收纳。

基本原则就是要保持整洁有序，把所有小物品都放进统一的收纳空间，既统一又方便查找。生活在整洁有序的环境中，整个身心都会平静祥和许多。

做好抽屉区收纳的核心原则是：每一层抽屉都可以设置一个分类，如一层放文具、二层放电子产品数据线等。

还可以通过收纳盒进行分隔，或者把结实好看的包装盒当成收纳盒放到抽屉里使用。但是需要注意的是：千万别把圆形、椭圆形、不规则形状的盒子放到抽屉里，一来空间利用率不高，二来视觉上还是会很杂乱。

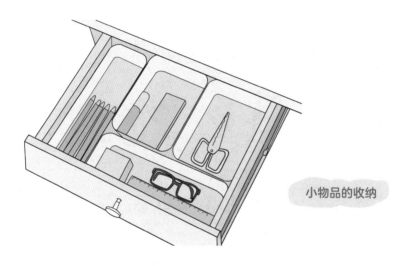

小物品的收纳

♣ 字画文玩收纳原则

装裱后的卷轴字画，可以采用独立包装（塑料材质收纳盒）进行封装。字画数量较多的，独立包装后可放置书柜抽屉内，或购买落地缸收纳（落地缸美观古朴，但是会占据一定空间）。

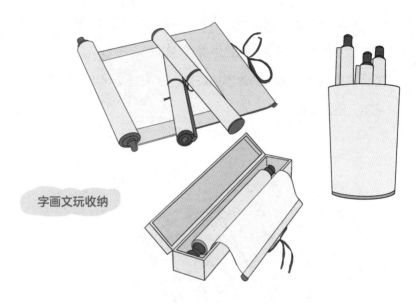

字画文玩收纳

　　未装裱字画、文玩一般会有独立收纳包装，可以按照小物件收纳方法收纳。

　　我们再来总结一下书房的整理步骤。

步骤	类型	行动
第一步 摊开	把书柜、书桌、文件柜等清空	集中一起做出决定（断舍离）
第二步 分类	按照物品的类别划分：书籍、卡片、笔记本、文具类、文件资料、纪念品	利用收纳工具或闲置的纸盒等收纳排列。分成阅读区、文具收纳区、纪念品区
第三步 收起来	用完物品及时归位	用完后及时归位

我们曾多次提出，收纳的核心不是将物品简单地储存起来，而是物尽其用，是"断舍离"的一种体现。

我们要学会化繁为简、学会"舍得"，才能更好地为我们的书房营造出更多的空间。此外，良好的购买习惯同样适用于书籍。

书房收纳好物分享

书桌算是整理的重点区域，桌面上的零碎物品比较多，而凌乱的桌面很容易影响办公学习的心情，只放 20% 的物品（笔筒、电脑、鼠标垫）可以尝试借助如下小工具。

❀ 扎线带 / 插线板收纳盒

随着电子产品的盛行，书房线路杂乱也是一个令人头疼的问题（新型电子产品虽然有无线、一体机等设计，但大多数家庭依然还为此类物品的收纳烦恼）。我们可以采用墙体固定线路、线盒或者使用扎线带，用来收纳电脑线、插线板。通过桌子上的走线孔或桌子的侧面使用扎线带把原本纵横交错的电线捆绑起来，藏到后面或者是抽屉里，让桌面看起来干净整洁。

扎线带

❀ 电脑架 / 笔记本支架

支架的好处在于抬高台式以及笔记本屏幕高度，帮助我们可以正视电脑屏幕，缓解对颈椎的压力，并且还有利于夏天的时候帮助笔记本电脑散热。

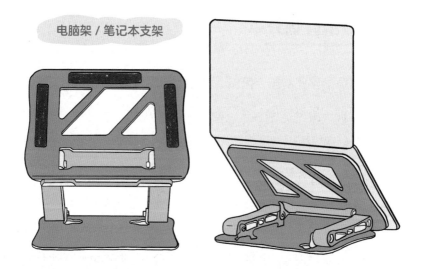

电脑架 / 笔记本支架

❀ 隔板书架

如果书桌、书柜不能满足庞大书籍的搁置，还可以在角落开辟出一整面墙的隔板书架。收纳不但是利用每一分空间，还必须达到一定美观效果才是真正的收纳。

❀ 全封式书柜 / 半封式书柜

书房书柜慎重选用开放式书柜，清理困难，书籍容易积灰。采用玻璃材质密闭书柜，美观且更好的保护书籍。半封式书柜上半部分（不带门）可以摆放常看的书籍，下半部分（带柜门）可以存放不常看的或者珍藏的书籍。好的书柜一定是"稳、轻、浅、窄"。

全封闭书柜

❀ 移动小推车

有没有书房和读书的关系并不大，重要的是要找到自己的那个"神奇读书角"。回忆一下上一次安静地、忘我地读完一本书所在的位置？有可能是客厅的一角，也有可能是阳台的一处。这个时候准备一个移动小推车，把常读的或者计划阅读的书籍放在小推车上，当你坐下休憩的时候，随手就可以拿取到书籍，看完也会随手放回小车上。

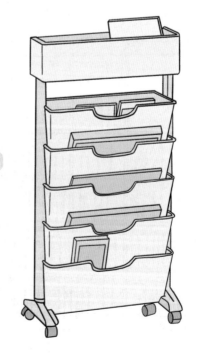

移动小推车

🌸 儿童绘本收纳盒

透明 PET 收纳盒，透明可视，书籍清晰可见，一目了然。两侧有抠手设计，方便移动。绘本可以竖立式收纳，拿取方便，改掉孩子绘本随手丢的习惯。

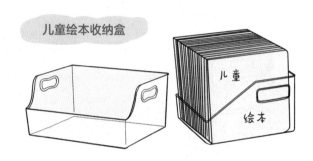

儿童绘本收纳盒

🌸 亚克力书立架

这类书立架便于书籍分类，且拿取书籍时，避免了书籍支撑力不足，东倒西歪的问题。

亚克力书立架

❀ 毛毡墙贴

便于在书桌前墙壁上贴照片、奖状和学习计划，且不伤墙体、墙纸。

毛毡墙贴

 草莓老师温馨建议

1.如果你是经常看书，面对书桌时间特别长的人，那么非常值得在书桌、书柜上多下点功夫。

2.书柜的尺寸：书柜首先要保证有较大的贮藏书籍

的空间，书柜的深度以 30~35 厘米为好，深度过大既浪费材料和空间，又给拿书带来诸多不便。空出的位置会演变成堆满各种"随手一放"的杂物。书柜的隔板可以预留侧排孔，可根据书本的高度，按需求调整。

　　3. 书桌的高度：按照我国正常人体生理测算，书桌高度建议 75~80cm，考虑到腿在桌子下面的活动区域，要求桌下净高不小于 58cm。

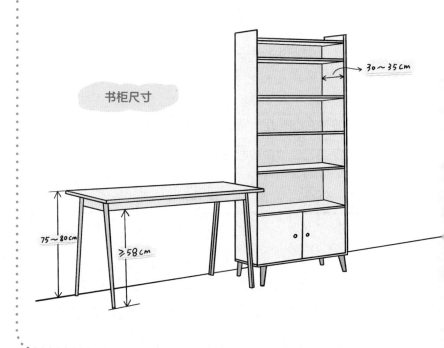

书柜尺寸

30~35cm

75~80cm

≥58cm

4. 另外，很多人特喜欢在书桌、书架上放很多小物品（如中国结、玩具、零食之类），这些都和学习没有关联，建议拿到别的房间去。书房要的就是简洁，能快速进入学习状态。

5. 如果你实在是想看书，又有拖延症，建议去附近的图书馆，有了读书的氛围，还有图书馆闭馆的时间限制，你会自然而然地加快读书的速度。

6. 在卧室里不要放书桌，同样的道理，在书房也不要放床，因为你在学习、工作的时候，"拖延症"一来就犯困，倒头就睡，容易分散注意力。

在家的日子里，重新审视一下自己的"书房"，动起手来，打造属于自己的"多功能书房"吧!

章末彩蛋

书籍如何防潮?

农历六月六，妇女洗衣，男晒书!

尤其南方偏潮湿，在太阳高照的情况下，尽量拿出来晒一晒，防止书籍发霉。以下分享几个晒书小技巧：

1. 如是精装书，可以直接摊开放在阳光下晒一晒，适时翻一翻书页就可以，如果书比较厚能够直立起来，把书页展开成伞状进行晾晒。

2. 如是胶订书，胶订书不易摊开，建议大家可以从中间打开，一排一排地让它们"扒"在地上，切记不要书叠书，书压书。

3. 如果家里有一条比较长的晾衣绳，可以固定好绳子两侧，让书"骑在上面"，排成一排晾晒。

4. 未装裱字画晾晒，切记不要阳光暴晒，会对颜料、墨汁损伤，可在阳光不充足、通风处短时间晾晒。

北京阅想时代文化发展有限责任公司为中国人民大学出版社有限公司下属的商业新知事业部，致力于经管类优秀出版物（外版书为主）的策划及出版，主要涉及经济管理、金融、投资理财、心理学、成功励志、生活等出版领域，下设"阅想·商业""阅想·财富""阅想·新知""阅想·心理""阅想·生活"以及"阅想·人文"等多条产品线，致力于为国内商业人士提供涵盖先进、前沿的管理理念和思想的专业类图书和趋势类图书，同时也为满足商业人士的内心诉求，打造一系列提倡心理和生活健康的心理学图书和生活管理类图书。

《把设计变成一门赚钱的生意》

- 美国平面设计协会奖章和史密森国家设计奖获得者、美国艺术总监名人堂入选者、纽约视觉艺术学院主席倾心之作。
- 手把手教你摆脱设计师惯性思维，将创意与商业结合，实现创业梦想。

《佳爷访谈：购房租房一本通》

- 58集团CEO姚劲波、泰禾集团副总裁沈力男、北京交通广播电台主持人盛博、足球评论员董路、篮球评论员杨毅倾力推荐。
- 资深房产专家佳爷遴选几十万粉丝回答，全面解读"租售并举"时代新政，圆你置业梦、租房梦。

《匠心设计 1：跟日本设计大师学设计思维》

- 深入解析日本一线知名设计大师匠心设计背后的思考方法。
- 用设计思维助力企业完成从品质经营时代到设计经营时代的成功转型。

《匠心设计 2：跟日本企业学设计经营》

- 深入分析日本产品备受消费者青睐的原因。
- 揭秘日本知名企业的设计经营之道。
- 助力企业突破传统经营思维的局限性，拓展市场新出路。

《了不起的小狐狸：用力生活，用力爱》

- 作者亲手绘制了 100 多幅治愈系插画，并配上了暖心的文字。
- 如果你正在与抑郁、自卑、焦虑、饮食失调或其他心理健康问题做斗争，建议你一定要读一读它。

《美好生活方法论：改善亲密、家庭和人际关系的 21 堂萨提亚课》

- 萨提亚家庭治疗资深讲师、隐喻故事治疗资深讲师邱丽娃诚意之作。
- 用简单易学的萨提亚模式教你经营好生活中的各种关系，走向开挂人生。

《生活有点烦，但也很好玩》

- 一本治愈无数焦虑星人的非正常解压书。
- 105 个解压小游戏、小建议和幽默冷知识，把烦人的焦虑在爆笑中炸成开心吧！

《玄机设计学：改变人们行为的创意构思法》

- 松村真宏教授多年研究成果的精华部分，也是其开创"玄机设计学"后的第一部普及性读本。
- 详细剖析了玄机设计背后的科学原理与奥妙，从而帮助读者了解和掌握玄机设计学，学会通过玄机设计来改变人们的行为，进而改善社会行为。